Dursun Yildiz

A necessidade de uma nova política da água

Dursun Yildiz

A necessidade de uma nova política da água

Do Mar de Aral ao Mar Morto

ScienciaScripts

Imprint

Cover image: www.ingimage.com

This book is a translation from the original published under ISBN 978-3-659-82954-3.

Publisher:
Sciencia Scripts
is a trademark of
Dodo Books Indian Ocean Ltd. and OmniScriptum S.R.L publishing group

120 High Road, East Finchley, London, N2 9ED, United Kingdom
Str. Armeneasca 28/1, office 1, Chisinau MD-2012, Republic of Moldova, Europe
Managing Directors: Ieva Konstantinova, Victoria Ursu
info@omniscriptum.com

Printed at: see last page
ISBN: 978-620-8-51935-3

Índice:

Capítulo 1	4
Capítulo 2	10
Capítulo 3	23
Capítulo 4	33
Capítulo 5	35
Capítulo 6	44
Capítulo 7	55
Capítulo 8	67
Capítulo 9	72

Dursun YILDIZ

A necessidade de novos

Política da água

Do Mar de Aral ao Mar Morto

"O ontem já se foi. O amanhã ainda não chegou. Só nos resta o dia de hoje. Vamos começar."

Madre Teresa

"O futuro depende do que fizeres hoje."

Mahatma Gandhi

Reconhecimento

Gostaria de expressar a minha gratidão a quem me acompanhou ao longo deste livro; a todos aqueles que me apoiaram, leram, fizeram comentários, permitiram que eu citasse as suas observações e ajudaram na edição e conceção.

Gostaria de agradecer especialmente a Abdul Rahim Qayyumi, Ediz Ekinci, Embaixador (R) Nuri Yildirim, M. Gürani Koç e a todos os meus amigos que me encorajaram

Introdução

A partilha de recursos de água doce causa frequentemente tensões internacionais, especialmente em regiões áridas ou semiáridas onde estes recursos são escassos. Até à data, os principais países ribeirinhos não chegaram a acordos abrangentes sobre os cursos de água para garantir a gestão sustentável da água em algumas bacias hidrográficas internacionais. Este livro examina o problema atual à luz da abordagem inovadora da "Diplomacia Hídrica", com o objetivo de promover a cooperação entre os países ribeirinhos.

Cerca de 40% da população mundial vive em bacias hidrográficas transfronteiriças e as ameaças crescentes, como as alterações climáticas, sublinham a necessidade urgente de uma gestão coordenada das massas de água transfronteiriças. A realidade das alterações globais exige uma "Diplomacia Hídrica" inovadora, destinada a reforçar a colaboração internacional para a adaptação às alterações climáticas no âmbito da segurança regional e de políticas vantajosas para todos.

Desde o fim da Guerra Fria, a "cooperação regional" clássica tem sido a abordagem mais mencionada para resolver os conflitos transfronteiriços sobre a água entre os Estados ribeirinhos, mas esta abordagem enfrenta novos desafios, como os impactos devastadores da seca prolongada, bem como a instabilidade e os conflitos actuais, exigindo assim um novo paradigma para a cooperação no domínio da água.

A natureza clássica das relações internacionais precisa de mudar de um jogo de soma zero baseado na apropriação de recursos para uma plataforma de inter-relações mutuamente benéficas e de apoio. Esta mudança exige mais do que intenções e requer um novo paradigma. Exige que identifiquemos os mecanismos mais eficazes para que os governos se envolvam numa colaboração regional que seja eficaz na gestão de um curso de água partilhado.

Existe um paradoxo no facto de, apesar de a importância vital da gestão transfronteiriça dos recursos hídricos ser continuamente sublinhada, nas últimas décadas ter havido poucos progressos no desenvolvimento de quadros aplicáveis e eficazes para uma cooperação internacional realista no domínio da água.

Neste livro, concentro-me na necessidade de um novo paradigma para uma cooperação e colaboração internacionais mais realistas no domínio da água. Destaco também alguns casos, do Mar de Aral ao Mar Morto, como exemplos de gestão incorrecta da água que requerem agora a colaboração internacional para serem recuperados.

Também mencionei o projeto internacional de transferência de água recentemente aberto no Mediterrâneo Oriental. Do ponto de vista hidro-político e de engenharia. É um projeto que vale a pena mencionar

Dursun YILDIZ
Ankara/Turquia
janeiro de 2016

Capítulo 1
Com quem é que o Mar de Aral foi atravessado? Voltará?

Resumo

Até há cerca de 60 anos, o Mar de Aral era o quarto maior lago do mundo e era o "olho azul do deserto". Mas este olho azul não conseguiu chegar ao século XXI. A superfície do lago diminuiu cerca de 90% e deixou o seu lugar a Aralkum, "o deserto mais jovem do mundo", sobre os locais de onde a água recuou. O Mar de Aral foi atravessado por nós e recuou as suas águas.

Atualmente, os cientistas estão a discutir a forma de trazer o Mar de Aral de volta em vários congressos e conferências internacionais. Estão a procurar a resposta para a pergunta: "Com quem foi atravessado o Mar de Aral e será que vai voltar?

Os trabalhos foram iniciados em 1993 na região que há muito atrai as atenções do mundo como um grande desastre ambiental. Em 1995, os cinco países da região (Cazaquistão, Turquemenistão, Uzbequistão, Quirguizistão e Tajiquistão) criaram uma comissão da água para coordenação entre os países. Além disso, no mesmo ano, foi criado o IFAS (Fundo Internacional para a Salvaguarda do Mar de Aral). Trata-se da organização mais importante para salvar o Mar de Aral e os seus arredores. Em março de 1993, os presidentes dos países da Ásia Central assinaram um acordo para encontrar soluções conjuntas para os problemas do Mar de Aral e têm continuado a trabalhar nesta questão. Desde então, os países da região têm envidado esforços, em cooperação com organizações internacionais, para resolver os problemas ecológicos e socioeconómicos da bacia do Mar de Aral e para melhorar a situação regional. Atualmente, a questão que se coloca é se o Aral vai ou não voltar atrás e não o estado atual da bacia.

Introdução

As recessões hídricas dos últimos 50 anos resultaram numa rápida desertificação das terras agrícolas em redor do Mar de Aral, o que afectou gravemente os habitantes de Kizilorda, no Cazaquistão, Da§havuz, no Turquemenistão, Harezm, Nevai e Bukhara, no Uzbequistão, e Karakalpakistan, e afectou também a flora e a fauna da região.

Situação atual

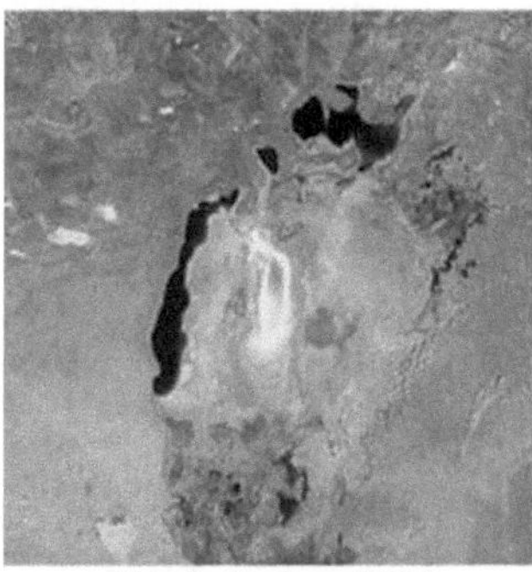

Mar de Aral em 2014
Foto: Atlas photo Archieve/NASA

Mar de Aral no Uzbequistão
Foto: Alexander Zemlianichenko/AP

Durante o período da União Soviética, a maior parte das águas do Amu Darya e do Siri Darya, que alimentam o Mar de Aral, foi desviada para terras de produção de algodão no início da década de 1960 e o Mar de Aral começou a secar. Atualmente, o lago diminuiu cerca de 90% e recuou cerca de 170 km em relação às suas margens originais. Em 1960, a superfície do lago era de 68 900 km^2 , o volume de água era de 1083 km^3 , o comprimento do lago era de 426 km, a largura do lago era de 284 km e a profundidade máxima da água era de 68 metros[1]. Mas no ano de 2010, a superfície diminuiu para 12 100 km^2 , o volume de água para 98,1 km^3 e a profundidade máxima da água para 28 metros. (Gaybullaev 2012)

Na década de 2000, o Aral-kum continuou a aumentar de dimensão com a construção de uma barragem mais estável e permanente que, mais uma vez, impediu que os caudais do rio Syr Darya chegassem ao SAS (Mar de Aral do Sul). A barragem de Kok-Aral foi construída no lado sudeste do NAS (Mar de Aral Norte), um projeto conjunto do Banco Mundial e do Governo do Cazaquistão, e ficou concluída em 2005 (Banco Mundial, 2005. A barragem fez com que o NAS se enchesse mais rapidamente do que o previsto, atingindo um pico de volume em 2006 (Gaybullaev et al., 2013). Isto permitiu que a água começasse a fluir lentamente de volta para o SAS (Banco Mundial, 2006) através de um pequeno rio intermitente que corre principalmente durante a primavera ou no início do verão, quando o escoamento do Syr Darya para o SAS é maior (Micklin, 2007). A barragem estabilizou os níveis de água do NAS, permitindo que a indústria da pesca começasse a regressar (Banco Mundial, 2013), mas o fluxo mínimo de água para o SAS não era suficiente. Em 2006, os SAS tinham-se dividido em várias massas de água com dois lóbulos proeminentes que mal estavam ligados: um lóbulo oriental e um lóbulo ocidental. A superfície total de água dos SAS diminuiu quase 50 por cento entre 1999 e 2006. A redução dos níveis de água no SAS levou a que a sua salinidade aumentasse para mais de 100 g/L, cerca de 10 vezes a salinidade do antigo Mar de Aral na década de 1960 (EC-IFAS, 2013; Gaybullaev et al., 2012).

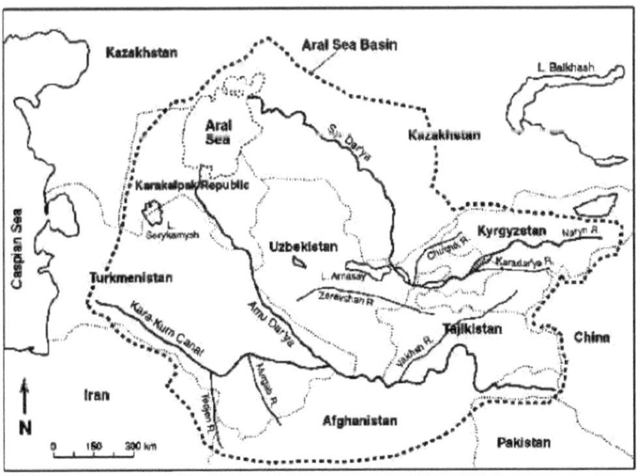

Fig.l-Bacia do Mar de Aral (Yildiz 2011)

Atualmente, as flutuações sazonais, as variações nos anos húmidos e secos e as flutuações anuais no fluxo do Amu Darya (NASA, 2013) ditam os níveis de água dos dois lóbulos. Gaybullaev et al. (2012) estimaram o volume total do Mar de Aral em 2010 em 98,1 km^3 (NAS: 22,6 km^3 ; SAS: 75,5 km^3)

e prevêem que a quantidade diminuirá para 75,4 km^3 até 2031, com base em medições da precipitação, da evaporação e das tendências de escoamento dos rios. O escoamento fluvial diminuiu para 3 a 20 km^3 /yr em relação aos 47 a 70 km^3 /yr registados antes da década de 1960, aumentando a importância das águas subterrâneas como recurso hídrico para os rios e para as populações circundantes (Breckle e Geldyeva, 2012).

Impactos das alterações climáticas no escoamento superficial

No seu valioso artigo (Rahimov 2009), Sulton Rahimov, antigo presidente do comité executivo do Fundo Internacional para a Salvaguarda do Mar de Aral (IFAS), sublinhou que "as observações mostram que as alterações climáticas têm uma influência considerável no regime hidrológico do fluxo de superfície. Nas regiões em que a parte essencial do caudal dos rios é atualmente constituída por águas de degelo, os valores máximos de caudal passarão da primavera para o inverno, enquanto a maior parte da precipitação cairá nessas regiões sob a forma de água, devido às elevadas temperaturas do ar. O aumento do caudal dos rios em latitudes elevadas - e também a sua diminuição - é caraterístico da Ásia Central"

O ano de 1960 tornou-se o princípio do fim

A decisão da antiga União Soviética de aumentar a produção de algodão na Ásia Central constituiu o princípio do fim. Durante esse período, o consumo de água triplicou e as terras irrigadas aumentaram mais de três vezes, atingindo 8,11 milhões de hectares. Devido à diminuição do volume de água que chega ao lago, o nível da água começou a baixar cerca de 1,5-2 metros por ano. Quando se chegou a 2010, o lago recuou 54.000 km^2 e esta área deu origem ao Aralkum, o "deserto mais jovem" do mundo, coberto de camadas arenosas salinas. Todos os anos, 15-75 milhões de toneladas de poeiras de areia são sopradas pelo vento e transportadas a distâncias de 150-500 km, acabando por criar desastres ambientais significativos numa vasta região. A diminuição do nível da água do Mar de Aral pode ser observada na Figura 2.

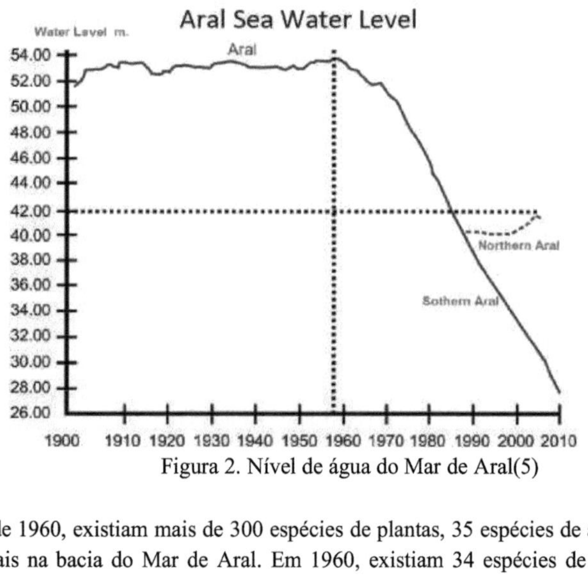

Figura 2. Nível de água do Mar de Aral(5)

Na década de 1960, existiam mais de 300 espécies de plantas, 35 espécies de aves e 23 outras espécies de animais na bacia do Mar de Aral. Em 1960, existiam 34 espécies de peixes e foram caçadas 60 mil toneladas de peixe. Atualmente, a pesca está quase terminada no Mar de Aral, com exceção de uma pequena área no Norte do Aral. No sul, os canários de pesca e os armazéns frigoríficos de Moynak já foram abandonados. Os navios de pesca transformaram estas regiões em sucatas de navios e os camelos começaram a caminhar sobre o Aralkum.

O volume de água do Mar de Aral diminuiu de 1083 km^3 para 98,1 km^3 durante os últimos 50 anos (19602010) e o nível da água do lago diminuiu de 53,4 metros para 28 metros.[1]

Do Mar de Aral ao Deserto de Aralkum

A diminuição do nível da água e a separação do Mar de Aral são apresentadas na Figura 3. Em 1998, o mar de Aral separou-se em duas massas de água, tendo o norte do mar de Aral ficado totalmente no Cazaquistão e a maior parte do sul do mar de Aral no Cazaquistão. Após 1998, o nível da água continuou a diminuir e a areia do fundo emergiu à superfície. Depois dos desertos de Kizilkum e Karakum, começou a formar-se o deserto de Aralkum.

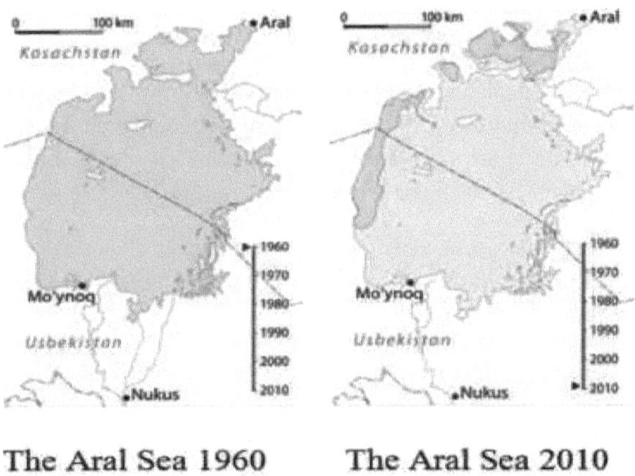

Figura 3. Diminuição do nível da água e separação do Mar de Aral (Yildiz 2011)

Os esforços de salvamento no Mar de Aral

A catástrofe ambiental ocorrida no Mar de Aral afectou 5 países da Ásia Central (Quirguizistão, Cazaquistão, Uzbequistão, Turquemenistão e Tajiquistão). Por conseguinte, os presidentes destes cinco países reuniram-se em 1993 e assinaram um acordo para resolver o problema em conjunto. No âmbito deste acordo, foi criada uma fundação internacional (IFAS) para salvar o Mar de Aral.

O interesse crescente desta fundação e da AGÌT, organizações internacionais do tipo do PNUD, acelerou os esforços de salvamento efectuados na região. Foram propostos vários projectos e realizaram-se congressos e conferências internacionais sobre esta questão.

Num estudo efectuado pelo Banco Mundial, foi indicado que a recuperação total do Mar de Aral não será possível num futuro próximo. Anualmente, são necessários 75 mil milhões de m^3 de água para encher completamente o lago em 25 anos. Considerando que a capacidade anual total dos rios Siri Darya e Amu Darya é de 112 mil milhões de m^3 e que, com as actuais utilizações, a maior parte da água é desviada antes de chegar ao lago, é evidente que tal enchimento não é uma abordagem realista. Por conseguinte, os esforços de salvamento devem ser inicialmente despendidos para reconquistar o Aral Setentrional. Há duas razões fundamentais para o êxito deste projeto. A primeira é que, uma vez que o projeto se situará totalmente dentro das fronteiras do Cazaquistão, será mais apoiado pelo Cazaquistão e a segunda é que o volume do lago é inferior ao do Aral do Sul e a conceção das estruturas de engenharia será mais fácil.

Os esforços de salvamento começaram em 1992 com a construção de um dique pela população local para manter as águas do rio Siri Darya dentro do Aral setentrional. Mas este dique falhou em 1993, foi reconstruído em 1996 e voltou a falhar em 1999. Finalmente, com o apoio do Banco Mundial, foi construído na região um dique de betão de Kokaral (com uma altura máxima de 8 m), tendo o projeto sido concluído em 2005 e o nível da água no norte do Aral recomeçado a aumentar.

Situação atual no Norte do Aral

Após a construção do dique de Kokaral, o nível da água do lago aumentou de 38 metros para 42 metros em 5 anos. Este aumento provocou um aumento da superfície do lago de 874 km^2 e o lago atingiu uma superfície de 3288 km^2 , o volume de água aumentou 11,5 mil milhões de m^3 e atingiu 27 mil milhões de m^3 e o nível de salinidade diminuiu de 23 g/lt para 17 g/lt.

No âmbito do projeto implementado para salvar o Norte do Aral, o dique de Kokaral é a estrutura de engenharia mais significativa. Para além disso, o regulador de Aklak e o dique sobre Siri Darya foram reconstruídos e começaram a reter água para os grandes e pequenos lagos da bacia hidrográfica, fornecendo água a 6000 ha de área terrestre.

Na segunda fase do projeto, será construído um canal através do norte do Aral, alimentado por estes pequenos lagos, e será construída outra estrutura de armazenamento de água no interior do lago, que também será alimentado por estas fontes.

A resposta à pergunta "se o Mar de Aral regressará ou não" está na base da sustentabilidade das soluções aplicadas. Assim, a solução deve ser inicialmente procurada no interior da bacia. A solução no interior da bacia depende da hidropolítica e das condições climáticas meteorológicas da região.

Dursun Yildiz, no Norte do Mar de Aral, no local do açude de Aklak "25-May-2011 Kazakhstan"

As relações hidropolíticas da região dependem do abrandamento do clima. No entanto, os aumentos de temperatura durante os períodos relevantes resultam no derretimento dos glaciares que alimentam as nascentes dos rios Seyhun (Siri Darya) e Ceyhun (Amu Darya). Todas estas condições obrigam a encontrar soluções sustentáveis para recuperar o Aral.

Conclusões

Os progressos alcançados no Aral Setentrional aumentaram as esperanças de recuperação do Mar de Aral. No entanto, a recuperação total do Mar de Aral não será tão fácil como a conseguida no Norte do Aral. As estruturas de engenharia construídas sobre o Aral setentrional e as condições geográficas facilitaram as soluções. No entanto, a solução para o sul do Aral depende sobretudo da gestão da água e das relações hidropolíticas dos países. Para além disso, a sustentabilidade da solução é outra questão crítica.

O ponto principal na resolução do problema da água do Mar de Aral é a forma sustentável de uma solução. A transferência de água para o Mar de Aral a partir de outra bacia pode não ser uma solução sustentável. Por conseguinte, em vez de se efectuarem transferências de água do exterior da bacia, devem procurar-se inicialmente soluções no interior da bacia.

Considerando a questão do problema da água na Ásia Central, é necessário tempo para resolver os problemas da água no Mar de Aral e na Ásia Central. No entanto, é necessário evitar problemas crescentes durante o período de tempo necessário para encontrar soluções. A questão crítica não é o projeto regional que os países da Ásia Central devem implementar; a questão é o que devem fazer para evitar o aumento dos problemas nas suas regiões.

Os recursos hídricos da bacia do Aral estão sob a ameaça do clima meteorológico e do clima político. O resultado mais notável desta ameaça é o rápido degelo dos glaciares que constituem a fonte das águas da Ásia Central.

Assim, é difícil responder à pergunta "o Mar de Aral regressará num futuro próximo? O lago, perdido como um todo em meio século, regressará pedaço a pedaço a longo prazo. O mais afortunado desses pedaços é o Aral do Norte, cujo regresso foi parcialmente concluído. As estruturas de engenharia para reter as águas do rio Seyhun no Aral setentrional aumentaram o nível do lago no norte. No entanto, mais do que as estruturas de engenharia, a gestão eficaz dos recursos hídricos dos países da região desempenhará um papel mais importante no enchimento do Aral do Sul. Por conseguinte, são vários os problemas com que se confronta o regresso do Aral meridional, como as alterações climáticas meteorológicas, o abrandamento do clima hidropolítico, etc.

Para que o Mar de Aral meridional tenha hipóteses a longo prazo, o nível da água continua a subir lentamente no Mar de Aral setentrional graças à barragem de Kokaral e ao dique de 13 quilómetros na extremidade sul do lago em recuperação[3].

O Mar de Aral foi atravessado pelo homem sem ter em conta o ciclo natural e o ecossistema do lago. Desapareceu por recessão das suas águas. Aparentemente, não regressará num futuro próximo. O Mar de Aral é como se dissesse às pessoas que o procuram "não me deviam ter enviado...." Parece que não pensa regressar a curto prazo.

De facto, o futuro do Mar de Aral reside na cooperação transfronteiriça com a ajuda de uma nova política da água. Quando o Mar de Aral for visto como uma unidade no futuro, isso indicará que foi estabelecida uma gestão sustentável da água na Ásia Central.

Capítulo 2

Novo paradigma de segurança internacional relacionado com a água e o ambiente

Segurança

As ameaças estratégicas exigem uma resposta estratégica

Resumo

A segurança está em constante mudança, o que significa que os profissionais de segurança têm de ser pró-activos, afirma um antigo Chefe de Informação do exército dos EUA. A segurança da água tornou-se um elemento central da agenda política mundial. As alterações climáticas, o crescimento da população e a poluição estão a alterar a distribuição dos recursos hídricos e o controlo político desses recursos está a tornar-se cada vez mais contestado. Estas e outras ameaças à segurança da água são uma fonte de conflito não só dentro dos países, mas também para além das fronteiras internacionais.

A segurança é uma questão multidimensional, porque o bem-estar individual é mais importante para a definição de políticas do que era há cinquenta anos. A segurança individual já não pode ser satisfeita apenas através de medidas militares; é necessária uma compreensão multidimensional.

A segurança é ilusória; mais do que nunca, está enraizada na interação de forças localizadas e globalizadas. Os eixos de conflito à sombra da Guerra Fria e sob o impacto do 11 de setembro já provaram ser mais complexos, não menos, e mais difíceis de gerir, não mais fáceis.

O mundo está num processo de mudança muito rápido, incluindo o paradigma da segurança internacional. Na verdade, nem tudo mudou - mas o que mudou foi mais rápido do que alguma vez esperámos. A Guerra Fria sobrepôs à agenda da segurança internacional um quadro político e concetual que simplificou a maior parte das questões, ampliando algumas e obscurecendo outras. Durante este período, quase todos os governos ocidentais definiram a segurança nacional em termos militares excessivamente restritos. Isto significava que havia uma aceitação duradoura da necessidade de um equilíbrio do terror, com a destruição mútua assegurada a garantir um sistema internacional estável.

O fim da Guerra Fria revelou um conjunto diferente de ameaças e perigos, não propriamente novos, mas anteriormente mantidos fora do contexto da Guerra Fria. Estas novas ameaças são novamente de âmbito global, persistentes por natureza e potentes nas suas implicações[12] .

É fácil equiparar a "segurança nacional" ou a "segurança global" à defesa militar contra Estados párias e o terrorismo, mas um importante especialista militar dos EUA afirma que essa visão é demasiado limitada - e pode conduzir a uma catástrofe se não for alterada.

As questões ambientais não eram objeto de grande preocupação por parte do público em geral. Era um reflexo de como o nosso pensamento sobre segurança era limitado e pouco estratégico. As alterações ambientais, em geral, podem conduzir a uma diminuição da qualidade de vida e a um aumento da tensão, da concorrência, da instabilidade e dos conflitos.

Paralelamente às alterações climáticas, a segurança da água é atualmente uma questão intimamente ligada à segurança ambiental. Os recursos naturais, como a água, apresentam uma série de ameaças e riscos que podem contribuir para a amplificação de um conflito.

Talvez se prestássemos mais atenção aos efeitos documentados de determinadas condições e acontecimentos, em vez de nos preocuparmos com a ameaça, pudéssemos ver o mundo de forma diferente - e mais correta.

A questão da segurança da água e do ambiente é mais ameaçadora do que a da paz e da guerra.

Introdução

O conceito político real criado pelo paradigma de segurança centrado no Estado e orientado para o conflito do Século 20 ficou aquém da segurança das instalações. esta condição desempenhou um papel crítico na "Crise do Século".

O século XX foi um século muito sangrento para a humanidade e este período de conflito deixou no lugar do século XXI um novo paradigma de segurança. No final deste século, o sistema mundial, juntamente com o fim da Guerra Fria, começou a evoluir para um novo processo e estrutura.

Novos riscos, novas oportunidades e o efeito da globalização neste processo são remodelados com perigos e ameaças (Fig.1).

Esta transformação no conceito de segurança multidimensional no âmbito do novo paradigma de segurança, ambiente energia-água-alimentos mais avançado com a relação torna necessário ser discutido na "Segurança da Água".

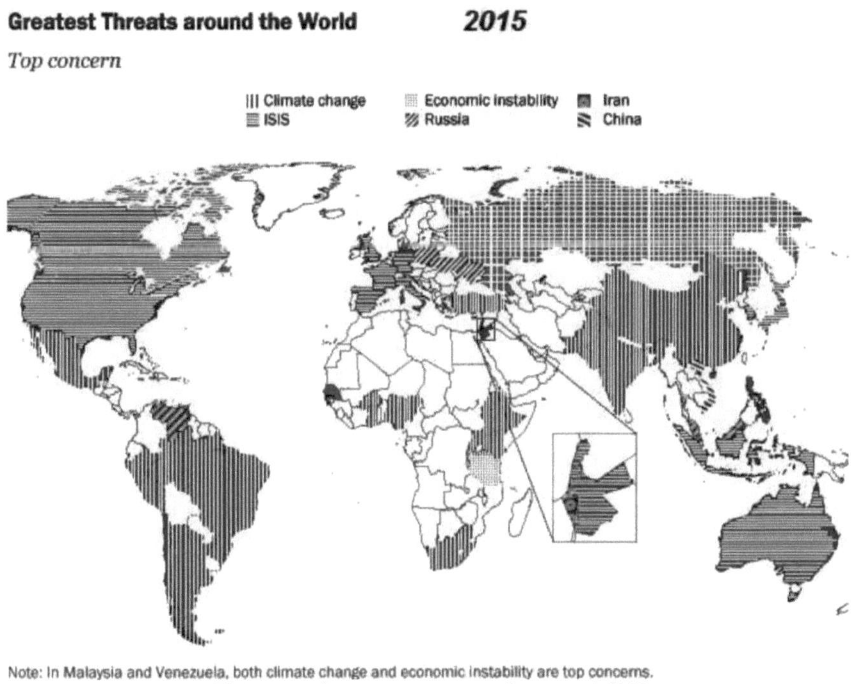

Fig1. As maiores ameaças em todo o mundo[31].

Alterações climáticas e mais preocupação com as alterações climáticas

As alterações climáticas são definidas como "um fenómeno que não é isolado, mas que pode ser melhor compreendido como uma rede de questões interligadas, desde a fusão dos glaciares, as catástrofes naturais, a subida do nível do mar, as inundações e as secas até à deterioração da saúde e da economia"[25] . A compreensão destas complexidades e da variabilidade das alterações climáticas actuais é crucial para quaisquer estratégias de adaptação e de atenuação. Este é especialmente o caso das regiões vulneráveis em todo o mundo [25].

Complexidades das alterações climáticas

Os cientistas previram que, num futuro próximo, as alterações climáticas afectarão o mundo de uma forma sem precedentes e que África será um dos continentes mais gravemente afectados. É provável que as alterações climáticas tenham impactos desastrosos na prosperidade social, económica, ambiental e política do continente [25]. Algumas estimativas prevêem que, até 2050, as temperaturas médias aumentarão entre 1,5 e 3°C, as inundações e as secas tornar-se-ão mais frequentes e a agricultura de sequeiro sofrerá uma redução de 50%. Já em 2020, entre 75 e 250 milhões de pessoas em África sofrerão de stress hídrico devido às alterações climáticas. As pessoas mais pobres e mais vulneráveis da região serão as que estarão menos equipadas para fazer face a alterações agudas dos padrões climáticos. Receia-se que esta situação possa conduzir, entre outras coisas, a maiores níveis de migração, doenças e conflitos na região. O mapa da figura 2 mostra como uma grande parte do continente africano corre um risco elevado de ser afetada pelos impactos negativos das alterações climáticas[25]. Estas zonas representam partes do continente que registaram e registam taxas elevadas de desertificação e desflorestação, causando graves problemas ambientais, como secas, escassez de água e degradação dos solos.

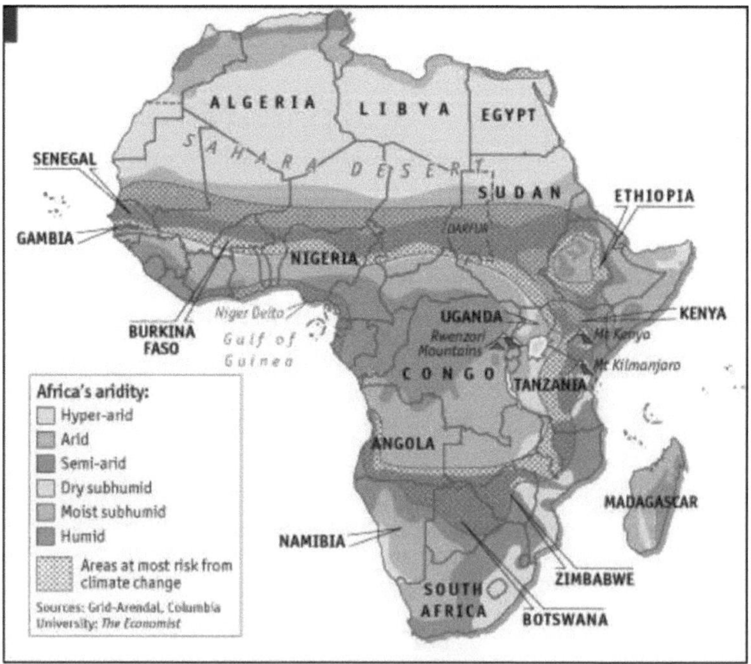

Figura 2. Aridez em África

Preocupação com as alterações climáticas

Antes da Conferência das Nações Unidas sobre as Alterações Climáticas, a realizar em Paris em dezembro próximo, muitos cidadãos de todo o mundo consideram as alterações climáticas globais como uma das principais ameaças, de acordo com um novo inquérito do Pew Research Center que avalia a perceção dos desafios internacionais. Isto é particularmente verdade na América Latina e em África, onde as maiorias na maioria dos países afirmam estar muito preocupadas com esta questão.

Os cidadãos de 19 dos 40 países inquiridos citam as alterações climáticas como a sua maior preocupação, o que a torna a preocupação mais generalizada de todas as questões incluídas no inquérito. Uma média de 61% dos latino-americanos dizem estar muito preocupados com as alterações climáticas, a percentagem mais elevada de todas as regiões.

Os africanos subsarianos também manifestam grande preocupação com as alterações climáticas. Uma média de 59% diz-se muito preocupada, incluindo cerca de metade ou mais em todos os países inquiridos. As alterações climáticas são particularmente preocupantes no Burkina Faso (79%), no Uganda (74%) e no Gana (71%), enquanto os sul-africanos (47%) e os tanzanianos (49%) são os menos preocupados.

Ambas as regiões são especialmente vulneráveis aos efeitos das alterações climáticas, tal como a Ásia, onde uma mediana de 41% manifesta grande preocupação com a questão. Os indianos (73%) e os filipinos (72%) estão particularmente preocupados, mas as alterações climáticas ocupam o primeiro lugar em metade dos países asiáticos inquiridos.

Principais ameaças por regiãoA preocupação com as alterações climáticas é relativamente baixa na Europa. Embora uma mediana de 42% declare estar muito preocupada, as alterações climáticas globais não são uma das duas principais ameaças em nenhum dos países europeus inquiridos. A ansiedade em relação a esta questão é mais elevada em Espanha (59%),

As alterações climáticas globais ocupam um lugar substancialmente inferior como ameaça global comparativa para os americanos, com 42% a afirmarem estar muito preocupados com a questão.

O último relatório [24] relacionado com as alterações climáticas publicado nos EUA responde ao pedido do Congresso ao Departamento de Defesa para identificar os riscos de segurança mais graves e prováveis relacionados com o clima para cada Comando Combatente.

De acordo com o relatório, "o Departamento de Defesa encara as alterações climáticas como uma ameaça atual à segurança, e não estritamente como um risco a longo prazo. Já estamos a observar os impactos das alterações climáticas em termos de choques e tensões em nações e comunidades vulneráveis, incluindo nos Estados Unidos, no Ártico, no Médio Oriente, em África, na Ásia e na América do Sul. Estudos de casos demonstraram impactos mensuráveis em áreas vulneráveis aos impactos das alterações climáticas e, em casos específicos, uma interação significativa entre a dinâmica dos conflitos e a sensibilidade às alterações climáticas. Embora o stress relacionado com o clima afecte de forma desproporcionada os Estados frágeis e afectados por conflitos, mesmo os países resilientes e bem desenvolvidos estão sujeitos aos efeitos das alterações climáticas de forma significativa e consequente.

A capacidade dos Estados Unidos e de outros países para enfrentar os riscos e as implicações das alterações climáticas exige o acompanhamento, a análise e a integração desses riscos nas medidas globais de gestão de riscos existentes, conforme apropriado para cada Comando de Combate"[24].

A preocupação era diferente antes

A estratégia de segurança nacional da Casa Branca de 2002, em 34 páginas de texto, menciona a palavra ambiente apenas num curto parágrafo sobre as negociações comerciais dos EUA.

No seu "Worldwide Threat Briefing" de fevereiro de 2004 ao Congresso, o Diretor dos Serviços Centrais de Informações, George Tenet, dedicou cinco páginas de testemunho ao terrorismo, ao Iraque e à proliferação, três parágrafos aos narcóticos a nível mundial, um parágrafo às tendências demográficas, às doenças infecciosas e à insegurança alimentar humanitária, mas nada às questões ambientais[10].

Por exemplo, o relatório Global Trends 2015 do National Intelligence Council, publicado em dezembro de 2000 (antes dos ataques de 11 de setembro do ano seguinte), identificou os recursos naturais e o ambiente como um dos mais importantes "motores e tendências que irão moldar o mundo de 2015". Centrando-se principalmente na evolução da segurança alimentar, da água e da energia, os peritos que colaboraram no relatório reconheceram a persistência e o crescimento dos problemas ambientais globais nos próximos anos, um consenso crescente sobre a necessidade de lidar com esses problemas e a perspetiva de que "o aquecimento global irá desafiar a comunidade internacional".

No ano de 2015, verificamos que as projecções do relatório se concretizaram.

O estudo do Conselho de Relações Externas de Chicago sobre a opinião pública dos EUA relativamente a questões internacionais, Global Views 2004, mostrou que as questões ambientais eram tão pouco preocupantes para o público em geral como as questões actuais.

Quando solicitada a identificar as ameaças mais críticas aos interesses vitais dos EUA, a opinião pública classifica o aquecimento global num distante sétimo lugar (37% dos inquiridos), atrás de ameaças como o terrorismo internacional (75%), armas químicas e biológicas (66%), países hostis que se tornam potências nucleares (64%), imigração para os Estados Unidos (58%) e outros acontecimentos.

Outra sondagem (fevereiro de 2004) da **Gallup revelou que as preocupações ambientais nem sequer figuram na lista das onze principais ameaças aos** interesses vitais dos EUA - o terrorismo internacional e a disseminação de armas de destruição maciça ultrapassam de longe todas as outras ameaças potenciais [10].

Segurança na Guerra Fria

A segurança foi discutida pela primeira vez em termos conceptuais na disciplina das relações internacionais por Arnold Wolfers. Segundo ele, a segurança é o estado de ausência de qualquer ameaça ao valor atual adquirido. A escola realista em movimento desta definição é considerada no âmbito das ameaças à segurança e das relações de poder. No entanto, a segurança é um conceito que não pode ser amplamente discutido e alcançado consenso sobre. A definição de segurança, segundo os especialistas, varia de acordo com os académicos e os políticos. Existem várias escolas de pensamento no domínio dos estudos de segurança.

A segurança é definida, no futuro, como a remoção de obstáculos à realização de pedidos recebidos ou garantias de expectativas.

A definição de segurança, neste sentido, é uma questão de âmbito e a sua natureza pode variar.

Neste contexto, Hans Günter Brauch, "Peace in the work of the Security reconceptualization, Security, Development and Environment" abordou o quarteto concetual, Na década de 1990 criou um ponto de viragem no estudo concetual da segurança, Barry Buzan ao analisar a segurança no subtítulo da segurança militar, segurança política, segurança económica, segurança social e segurança ambiental. No final do século XX, à exceção da soberania e da proteção territorial, o ambiente e a tecnologia desenvolveram sobretudo novas definições de segurança (Buzan, 1987).

Novo paradigma de segurança

As questões de segurança no período da Guerra Fria, mais "luta pelo poder do Estado" foi tomada como o eixo. As teorias das relações internacionais amplamente aceites durante este período de neorrealismo e neoliberalismo, a ideia de que os actores não-estatais poderiam ser determinantes para os outros, foram consideradas demasiado distantes.

Mas o século XXI começou a viver o domínio da segurança com uma mudança de paradigma. A razão mais básica para o século XXI é o progresso do indivíduo, da sociedade, do Estado e do sistema, tal como a definição clássica de segurança em muitas áreas da segurança automóvel, que está a começar a falhar.

Hoje em dia, o conceito de segurança, bem como os actores e as questões multidimensionais e multilaterais. A literatura sobre segurança tem-se alargado. o, o nível da água e as ameaças económicas globais, como as questões da saúde e da energia, começaram a tomar o lugar.

Por outras palavras, o novo paradigma de segurança, a globalização com segurança nacional e internacional, a segurança global começou a alargar a experiência de mudança e transformação num vasto leque de planos.

Novas áreas e novos actores na vanguarda das novas operações de segurança. Hoje em dia, os conflitos assimétricos entre Estados, por exemplo, são cada vez mais frequentes em diferentes grupos de Estados e actores não estatais e estatais em guerras por procuração.

Em suma, após a Guerra Fria, não só se alargou a definição de segurança e segurança, como se começou a estudar a migração, o ambiente, diferentes temas como os direitos humanos e a economia. Este estudo levou a alargar e aprofundar a definição de áreas de segurança, a abordagem de segurança individual/humana a partir da abordagem internacional/global levou a cabo uma vasta gama de debates sobre o conceito de segurança (Wendt 1992).

1. securitização

As relações internacionais do pós-guerra fria sofreram alterações estruturais, o que torna obrigatória a segurança e o tratamento das relações internacionais numa nova perspetiva.

Para além do ataque, as medidas de segurança e os elementos de dissuasão para justificar as políticas e acções do Estado têm sido um caso de liberdade de circulação, permitindo à autoridade central. A vinculação de um rótulo de segurança, em qualquer caso, ao colocar a perceção dele por um Estado especial fornece a base jurídica para tomar medidas sobre a autoridade central (O.Tanrisever 2005).

A elite da segurança, o espetáculo é mais importante do que algumas das questões, criando uma cadeia de segurança inimigo-ameaça e quer manter a questão nas mãos da priorização das áreas. Este processo é designado por securitização. Securitização, a segurança do país e os interesses para identificar o inimigo e a deteção de ameaças permite a criação e, portanto, ser um fator determinante na segurança das elites da política interna e externa.(Aras,Toktash,Kurt 2010).

A securitização tem um papel fundamental no transporte de problemas de segurança de qualquer dimensão. Após a Guerra Fria, os diferentes actores sociais e a situação de segurança foram identificados em conjunto por diversas elites de segurança. Hoje em dia, o nível de ameaça e a questão de segurança do inimigo são moldados sob a influência de outros actores (Aras, Toktah, Kurt 2010).

2 . A segurança global é possível?

É difícil determinar quais são os limites da segurança em termos de política externa de um país. As medidas de segurança de um país para além das suas fronteiras políticas podem estender-se a outros países; mas não é claro onde termina. Neste caso, a "segurança global" dificulta a realização do processo. Já os casos de segurança global estão sob a ameaça constante da política hegemónica.

No entanto, a interdependência do sistema global e a crescente incerteza dos actores, questões, teorias e aplicações de segurança a acrescentar à nova segurança nacional a partir da segurança colectiva, afirmam que a expansão do perímetro de segurança até à informação de segurança a partir da segurança ambiental (N.Ergül 2012).

Atualmente, a segurança, em todas as abordagens teóricas, é um conceito multidimensional que inclui a diversidade e a segurança económica, a segurança militar, a segurança cultural, sendo aceite que abrange muitas áreas de segurança, como a segurança demográfica e a segurança ambiental.

Neste contexto, a "segurança da água e segurança ambiental forçada pelas alterações climáticas" também está a emergir como uma questão importante a examinar, considerando o âmbito do conceito de segurança ambiental.

3 . Ligações entre segurança e ambiente

Grande parte da investigação atual centrou-se especificamente na relação entre alterações ambientais e conflitos violentos. Verificou-se que as questões ambientais, como a falta de acesso e a deterioração dos recursos naturais, provocaram tensões, concorrência e conflitos entre diferentes facções da sociedade [25].

Em consequência do aumento do sofrimento ambiental em todo o mundo, os investigadores e as instituições tentaram definir as ligações entre o ambiente e a segurança. Segundo Peter H. Gleick, "as ameaças à segurança incluem problemas ambientais e de recursos que reduzem a qualidade de vida e resultam num aumento da concorrência e das tensões[26] entre grupos subnacionais ou nacionais". Do mesmo modo, o Programa das Nações Unidas para o Ambiente (PNUA) define a ligação entre o ambiente e a segurança como "a degradação ambiental, o acesso desigual aos recursos naturais e o movimento transfronteiriço de materiais perigosos que podem conduzir a conflitos e representar um risco para a segurança nacional e a saúde humana[27]".

A NATO é outra plataforma a partir da qual se pode compreender a natureza das ameaças à segurança ambiental. Num documento sobre a contribuição da NATO para a segurança ambiental europeia, a segurança ambiental é definida como *"uma ameaça à segurança nacional representada por problemas ambientais internacionais não resolvidos e pela sua capacidade de promover conflitos e instabilidade política*[28]". As diferentes definições revelam uma premissa semelhante para a compreensão das questões ambientais, na medida em que as alterações ambientais, em geral, podem conduzir a uma diminuição da qualidade de vida e a um aumento da tensão, da concorrência, da instabilidade e do conflito [25].

Para melhor compreender as interligações entre a segurança humana, a segurança da água e os desafios ambientais, a equipa da GWI desenvolveu o diagrama abaixo na Figura 3 para ilustrar como a insegurança ambiental pode, eventualmente, conduzir a conflitos violentos.

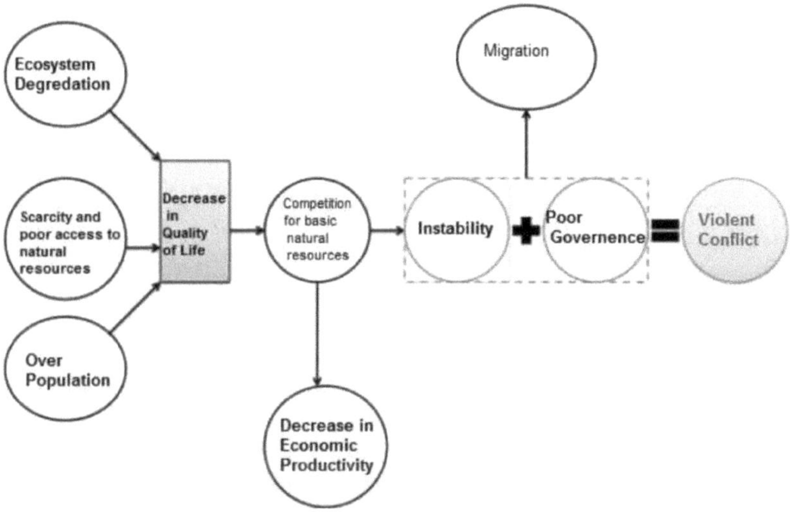

Figura 3. Complexidades da segurança da água e do ambiente[30].

Como se pode ver na extrema esquerda da Figura 3, três problemas ambientais fundamentais podem afetar negativamente a qualidade de vida em termos de necessidades humanas básicas, como alimentação, água, abrigo, casa de banho, saúde e educação.

Por um lado, a má qualidade de vida pode conduzir à instabilidade e a lutas que podem levar as pessoas a migrarem, voluntária ou involuntariamente, para zonas onde o potencial para uma vida melhor é maior.

Por outro lado, as questões ambientais, a diminuição da qualidade de vida e a instabilidade que lhe está associada podem igualmente conduzir a uma diminuição da produtividade económica. Uma alteração dos padrões climáticos, por exemplo, pode afetar fortemente o sector agrícola e a produção alimentar[25].

A escassez de água pode também ter um grande impacto noutros sectores industriais altamente dependentes da água, como a energia hidroelétrica e os sistemas de irrigação, por exemplo. Nas próximas décadas, os desafios ambientais terão sérias implicações para os interesses de segurança das nações desenvolvidas e em desenvolvimento. As populações locais terão de se adaptar às novas realidades ecológicas e a frequência dos conflitos num contexto ambiental irá provavelmente aumentar[25].

Algumas pessoas podem ser forçadas a deslocar-se para zonas onde os recursos naturais, fundamentais para a sua sobrevivência, são mais acessíveis[25]. As pessoas que são forçadas a abandonar as suas casas devido a alterações ambientais foram, nalguns casos, classificadas como "refugiados climáticos".

4 Migração forçada pelo clima

Existem já cerca de 50 a 60 milhões de pessoas deslocadas, quer para além das fronteiras dos Estados, quer no interior dos mesmos, e prevê-se que este número aumente drasticamente à medida que as consequências das alterações climáticas globais comecem a produzir efeitos.

Em consequência, muitos países da Europa estão a começar a reexaminar as suas políticas de imigração e a aplicar normas mais rigorosas, avançando assim para práticas neoconservadoras e antidemocráticas. Esta situação poderá ter um efeito desestabilizador nas nações menos avançadas economicamente da Europa e ameaçar as relações entre Estados. Poderá também dar origem a agitação interna se não forem tomadas rapidamente medidas para regular o fluxo de refugiados e acelerar o repatriamento seguro dos que não são aceites para residência de longa duração

5 Segurança ambiental e segurança da água

A segurança ambiental é definida como "a área de investigação e prática que aborda as ligações entre o ambiente, os recursos naturais, os conflitos e a construção da paz". A segurança ambiental é também considerada no âmbito dos efeitos negativos que estão a ser examinados em relação às quatro zonas de segurança supramencionadas e, principalmente, da segurança a criar noutras áreas das consequências dos problemas ambientais. O trabalho no domínio da segurança ambiental à escala mundial em 1972, o Programa Internacional para o Ambiente das Nações Unidas (PNUA) aumentou com a criação e continuou este processo em 1992 com a Declaração das Nações Unidas sobre a Conferência do Rio sobre Ambiente e Desenvolvimento. O PNUA tem vindo a desenvolver o seu trabalho no domínio da segurança ambiental à escala mundial desde 1972, tendo prosseguido este processo em 1992 com a Conferência das Nações Unidas sobre o Ambiente e o Desenvolvimento, na qual foi sublinhada a relação entre a segurança e o ambiente e foram dados passos importantes no sentido da institucionalização do direito ambiental.

As alterações ambientais, em geral, podem conduzir a uma diminuição da qualidade de vida e a um aumento da tensão, da concorrência, da instabilidade e dos conflitos.

A Carta Mundial de 1999 sobre os grandes problemas ambientais, como as alterações climáticas, a degradação do ambiente, a poluição dos recursos naturais, a sobrepopulação, a pobreza e os conflitos armados, a prevenção das pressões ambientais e a necessidade de viver em paz e de travar o crescimento demográfico é apresentada como solução para estes problemas. Neste contexto de baixa política em matéria de alterações climáticas, a ONU adoptou a política mais elevada (alta política).

O Protocolo de Quioto é uma tentativa de permitir a tomada de medidas na luta contra as alterações climáticas, tendo sido adotado em 1997 e entrado em vigor em 2005.

35 anos mais tarde, uma em cada 45 pessoas no mundo será forçada a migrar devido às alterações climáticas (Oli 2008). Atualmente, o trabalho necessário a fazer entre a segurança global para que mais de mil milhões de pessoas tenham acesso ao abastecimento de água e 2 mil milhões de

pessoas tenham acesso a condições de higiene.

Por exemplo, os actuais desafios ambientais da África Subsariana podem ser uma fonte de insegurança ambiental futura que conduza a conflitos sociais e políticos. Com as alterações climáticas e a escassez de recursos como a água, existe o risco de uma maior competição pelos recursos naturais. É necessária mais investigação utilizando o Novo Paradigma de Segurança Internacional no domínio das estratégias de prevenção de conflitos, a fim de atenuar alguns dos impactos negativos das alterações climáticas e da insegurança ambiental [25].

Repensar a segurança

Uma das principais questões que mais tem dividido aqueles que debatem a relação água-ambiente-segurança é a definição de segurança de forma ampla ou restrita.

O ambiente aquático, as alterações climáticas em particular e, de resto, outras ameaças e desafios não convencionais podem ser levados a sério como questões de grande preocupação em termos de segurança, se se verificar uma transformação estratégica fundamental.

A antiga Secretária de Estado dos EUA, Hillary Clinton, alertou para o risco de terrorismo, instabilidade política e conflito devido à competição pelo escasso abastecimento de água a nível mundial nas próximas décadas.

A antiga Secretária de Estado norte-americana, Sra. Clinton, destacou os riscos descritos na versão não classificada de um relatório sobre a segurança mundial da água, publicado pelo Conselho Nacional de Inteligência em 22 de março de 2012

"Penso que é justo dizer que as conclusões da comunidade de informações são preocupantes", afirmou sobre o relatório que se centrava nos potenciais problemas de água até 2040.

De acordo com um resumo do relatório, o Norte de África, o Médio Oriente e o Sul da Ásia *"enfrentarão grandes desafios para fazer face aos problemas da água"*, sobretudo devido ao crescimento da população e ao aumento da procura económica.

"Todas estas dificuldades aumentam o risco de instabilidade no seio dos Estados e entre eles", afirmou.

"No interior dos Estados, podem provocar a falência de alguns Estados. E entre os Estados, os conflitos regionais entre Estados que partilham bacias hidrográficas podem ser exacerbados e até levar à violência".

A escassez de água será um problema particularmente grave em Estados com governos ineficazes ou populações empobrecidas, onde as tensões crescentes sobre a água irão provavelmente aumentar o risco de instabilidade e de falência do Estado, exacerbar as tensões regionais e distrair os países de trabalharem com os Estados Unidos em objectivos políticos importantes, de acordo com uma cópia do relatório obtida pela Associated Press.

A água como arma?

O relatório afirma que não é provável que a escassez provoque confrontos entre nações durante a próxima década, mas acrescenta Julgamos que, à medida que a escassez de água se agrava nos próximos 10 anos, a água em bacias partilhadas será cada vez mais utilizada como alavanca; a utilização da água como arma, ou para promover objectivos terroristas, também se tornará mais provável nos próximos 10 anos.

O controlo do abastecimento de água pode afetar o equilíbrio geopolítico do poder, adverte o relatório, prevendo que as nações a montante exercerão influência sobre os seus vizinhos a jusante, controlando o fluxo de água. As infra-estruturas relacionadas com a água, incluindo reservatórios e pontes, poderão tornar-se um alvo terrorista.

Na quinta-feira, durante uma alocução no Banco Mundial para comemorar o Dia Mundial da Água, Hillary Clinton deverá sublinhar a importância desta questão. Em 2025, mais de dois terços da população da Terra poderá viver em zonas que não dispõem de água suficiente, afirmou.

A crise da água é uma crise de saúde, é uma crise agrícola, é uma crise económica, é uma crise climática e, cada vez mais, é uma crise política", lê-se no texto do discurso preparado por Clinton. E, por isso, temos de ter uma resposta igualmente abrangente.

A água suja contribui para doenças que matam mais de 5.000 pessoas por dia, enquanto as mulheres e as crianças dos países em desenvolvimento passam muitas vezes horas por dia a caminhar longas distâncias para obter água, observa Clinton.

Para nós, a segurança da água é uma questão de segurança económica, de segurança humana e de segurança nacional, porque vemos potencial para o aumento da agitação, dos conflitos e da instabilidade em relação à água. O principal diplomata dos EUA salientará também a necessidade de reduzir o risco associado a fenómenos hídricos extremos, como inundações e secas.

Complexidades da segurança da água.

De acordo com o Pacific Institute, os conflitos, a instabilidade e a insegurança que surgem devido à insegurança da água podem ser classificados em diferentes categorias. Na Figura 4, o tipo de conflitos, os potenciais actores e as razões para a tensão são delineados para elucidar as complexidades da segurança da água.

Qualificação do conflito	Actores	Tensões
Controlo da água Recursos	Estado e não-estado Actores	O abastecimento de água ou o acesso à água são a raiz das tensões
Ferramenta militar	Estado	Os recursos hídricos são utilizados por uma nação ou um Estado como arma durante uma ação militar
Ferramenta política	Estado e não-estado	Os recursos hídricos são utilizados por uma nação, um Estado ou um ator não estatal para um objetivo político
Terrorismo	Não-estatal	Os recursos hídricos são alvos ou instrumentos de violência ou coerção por parte de actores não estatais
Alvo militar	Estado	Os recursos hídricos são alvos de acções militares de nações ou Estados
Litígios de desenvolvimento	Estado e não-estado	Os recursos hídricos são uma importante fonte de contenção e disputa no contexto do desenvolvimento económico e social

Figura 4. Classificação das instabilidades decorrentes da insegurança hídrica[29].

Conclusão e avaliação

O século XXI trouxe novas normas com o novo paradigma de segurança. Em vez de se limitarem a questões políticas e militares, as transformações ocorridas no paradigma da segurança passaram a abranger, no âmbito da nova abordagem da segurança, a segurança social, cultural, económica e ecológica.

De um modo geral, a segurança dos recursos naturais, em especial dos recursos hídricos, a segurança e a paz têm desempenhado, ao longo da história, um papel decisivo na segurança e nas relações sociais. As decisões da cimeira das Nações Unidas, tomadas e utilizadas em todas as retóricas, sublinham a interdependência entre a segurança ambiental e outras dimensões da segurança; a segurança colectiva e multidimensional está em primeiro plano.

A paz das Nações Unidas num mundo globalizado condiciona a segurança não só das variáveis políticas, mas também das variáveis económicas e sociais. Atualmente, a Carta Mundial estabelecida no âmbito da (Carta da Terra) refere que "sem justiça social e económica e pobreza destruídas não há paz", revelou a mensagem (Göksel 2008). Esta mensagem revela também a importância da segurança da água e da segurança alimentar. Em vez disso, o estado de mudança do mundo que entra no século XXI substitui a "segurança das empresas transnacionais". Estas empresas, em vez de terem um efeito indireto na elaboração de políticas, começaram a preferir sentar-se à mesa das negociações diretas com o governo.

O mundo do século XXI, de interdependência, globalização, pobreza e degradação ecológica, será um mundo de envelhecimento crescente e de intersecção da crise. As crises da energia, da água e dos alimentos desencadearão uma escala global e começarão a sobrepor-se umas às outras. Aqui desempenhará o papel mais importante no aumento dos problemas da água em resultado das irregularidades climáticas.

Os cientistas previram que, num futuro próximo, as alterações climáticas afectarão o mundo de uma forma sem precedentes e que África será um dos continentes mais gravemente afectados. É provável que as alterações climáticas tenham impactos desastrosos na prosperidade social, económica, ambiental e política do continente.

Devido à incerteza criada pela distribuição desigual da água e pelo aumento da escassez de água e das alterações climáticas, os recursos hídricos ganharam uma importância geopolítica. Começaram a ter um impacto no equilíbrio internacional de poder. Estes recursos hídricos globais têm sido um fator importante nos planos políticos, estratégicos e hegemónicos. Esta evolução dos recursos hídricos, juntamente com os resultados das alterações climáticas globais, começou a ocupar um lugar muito importante no novo paradigma de segurança.

Os cientistas previram que, num futuro próximo, as alterações climáticas irão afetar o mundo de uma forma sem precedentes.

Paralelamente às alterações climáticas, grande parte da investigação atual tem-se centrado especificamente na relação entre as alterações ambientais e os conflitos violentos. Verificou-se que as questões ambientais, como a falta de acesso e a deterioração dos recursos naturais, conduziram a conflitos entre diferentes facções da sociedade.

A segurança da água é atualmente uma questão intimamente ligada à segurança ambiental. Os recursos naturais, como a água, apresentam uma série de ameaças e riscos que podem contribuir para a amplificação de um conflito. A segurança da água e do ambiente está também estreitamente ligada à segurança nacional, regional e internacional.

Em 2012, um relatório dos serviços secretos dos EUA, baseado numa estimativa secreta dos serviços secretos nacionais sobre a segurança da água, encomendada pela então Secretária de Estado Hillary Clinton, concluiu que, após 2022, as secas, as inundações e o esgotamento da água doce aumentariam a probabilidade de a água ser utilizada como arma de guerra ou como instrumento de terrorismo.

As questões ambientais podem afetar negativamente a qualidade de vida em termos de necessidades humanas básicas, como a alimentação, a água, a energia, a saúde e a segurança.

É essencial um novo paradigma de segurança internacional para compreender a evolução dos novos factores de segurança, as condições e as ligações entre eles no século XXI,

Capítulo 3

Uma nova hidrodiplomacia internacional

Da cooperação no domínio da água à colaboração global (*)[I]

Resumo

Uma nova hidro-diplomacia internacional; necessidade de passar da cooperação no domínio da água para a colaboração nos domínios da "água e da energia" em simultâneo.

Este artigo demonstra por que razão é essencial "uma nova hidro-diplomacia; da "cooperação" à "colaboração" nos domínios da "água e da energia" em simultâneo. [st] Também se centra na necessidade de um novo paradigma nas interações hidro-políticas transfronteiriças no século XXI.

A introdução da cooperação através da "Água e Energia" pode mudar a natureza das relações internacionais de um jogo de soma nula baseado na captura de recursos para uma plataforma de inter-relações mutuamente benéficas.

Este estudo analisa as possíveis implicações da "colaboração" nos domínios da "Água e da Energia" em simultâneo em zonas com escassez de água mas ricas em petróleo/gás, na sequência da nova ordem mundial e da nova geopolítica.

O documento conclui sublinhando a necessidade de uma abordagem analítica revista para a análise das relações hidropolíticas à luz do desenvolvimento da colaboração internacional nos domínios da água e da energia em relação com a hidropolítica transfronteiriça

Palavras-chave: Hidropolítica, Águas Transfronteiriças, Diplomacia Hídrica, Estabilidade Hídrica, Água e Energia

Introdução

As experiências passadas mostraram que havia uma forte necessidade de uma colaboração abrangente nas bacias hidrográficas transfronteiriças co-riparianas para além do atual nível de fraca cooperação. Porque é que as reservas de petróleo e de gás não podem ser utilizadas como um fator de interdependência fundamental para desenvolver uma colaboração mais forte entre os países ribeirinhos situados nas mesmas bacias hidrográficas transfronteiriças?

Há muitos países que possuem recursos ricos em petróleo e gás e, ao mesmo tempo, recebem água de rios que provêm de países vizinhos pobres em energia.

Existem vários exemplos de geografias e situações geopolíticas deste tipo;

Por exemplo:

a) O Uzbequistão, rico em gás e petróleo, satisfaz as suas necessidades de água a partir dos rios que correm do Quirguizistão e do Tajiquistão (Amu Darya). Embora o Usbequistão receba a água gratuitamente, não mostra qualquer intenção de aplicar condições benéficas como a exportação do seu petróleo e gás para os dois países vizinhos.

[I] Apresentado em "Global and Regional Hydropolitical Problems in the Context of International Cooperation and Security". Conferência realizada em Baku/Azerbaijão - 25 de novembro de 2014 .

b) O mesmo se aplica ao Iraque e à Turquia, mas noutra modalidade (bacias do Tigre e do Eufrates)

c) Sudão-Egito e Etiópia, Quénia, Uganda (Bacia do Nilo)

d) Nigéria e Níger-Mali (bacia do rio Senegal)

e) República da África do Sul e Namíbia (Bacia do Rio Orange)

Situação atual

No início do século XX, existiam cerca de 50 países independentes. Mas o número de países cresceu rapidamente nos últimos 25 anos. No início deste milénio, o número de países aumentou para 195. Isto trouxe algumas novas bacias hidrográficas transfronteiriças e interações hidropolíticas, como no Sul do Cáucaso, na Ásia Central, nos Balcãs e na Europa Oriental.

Para além do número crescente de países independentes, os novos recursos energéticos fósseis (gás natural, gás de xisto), a nova geopolítica energética, as novas zonas ricas em hidrocarbonetos (incluindo o Ártico) afectaram inadvertidamente a hidrogeopolítica do novo mundo.

Quase metade da população mundial vive em bacias hidrográficas transfronteiriças. No entanto, as ambiguidades relacionadas com a água e as acções a desenvolver ainda não foram suficientemente abordadas em acordos comerciais ou políticos.

Como Conca (2013) indicou no seu artigo, *"os esforços actuais para apoiar a cooperação internacional em águas transfronteiriças caracterizam-se por um relativo subinvestimento no pilar diplomático em comparação com o pilar técnico-gerencial da cooperação"*.

A situação atual é mais complexa do que a do século passado. Porque o nexo Água, Energia e Segurança Alimentar mostra como as várias formas de utilização da água se afectam mutuamente e sublinha também a necessidade de uma política coerente.

As alterações climáticas têm sido repetidamente descritas como um "multiplicador de ameaças" para regiões instáveis em todo o mundo. É provável que o impacto das alterações climáticas se faça sentir principalmente através do ciclo da água, reforçando muitas tendências preocupantes no que respeita à escassez de água, à salinização, à alteração dos padrões de fluxo sazonais e aos riscos de inundação.

158 das 263 bacias hidrográficas internacionais do mundo, para além dos sistemas aquíferos transfronteiriços, não dispõem de qualquer tipo de quadro de gestão cooperativa.

A maior parte da água é partilhada entre nações e povos. Um total de 145 nações possuem território e 21 países encontram-se inteiramente dentro de bacias internacionais. (Água para a Vida" 2005-2015).

Das 263 bacias internacionais do mundo, 158 não dispõem de qualquer quadro de gestão cooperativa, de acordo com o Programa das Águas Transfronteiriças do PNUD.

Nos últimos 60 anos, os governos assinaram mais de 300 acordos internacionais sobre a água, ao passo que só se registaram 37 casos de conflitos entre Estados por causa da água. (Water for Life, 2005-2015).

Os acordos existentes são, na sua maioria, bilaterais e, por vezes, não são suficientemente eficazes para promover a gestão integrada dos recursos hídricos.

Apenas 116 das 276 bacias transfronteiriças tiveram alguma vez uma organização de bacia hidrográfica.

A maioria dos acordos existentes não inclui todas as zonas ribeirinhas. Apenas 5 acordos são tripartidos.

As questões relacionadas com os aquíferos partilhados são cada vez mais importantes. Existem cerca de 260 bacias transfronteiriças de águas subterrâneas e, até à data, não existe qualquer quadro ou acordo.

No entanto, num relatório para o Departamento de Estado dos EUA, o Diretor da Inteligência Nacional dos EUA observou que, durante a próxima década, os problemas da água contribuirão para a instabilidade em Estados importantes para os interesses de segurança nacional dos EUA.

Com base numa análise de anteriores disputas sobre a água que contribuíram para as tensões entre rivais, incluindo a Índia e o Paquistão, com armas nucleares, Israel e a Palestina, e a Síria e o Iraque (ACI2012), conclui-se que, após 2020, os riscos de conflitos geopolíticos sobre a água irão provavelmente aumentar. (Clapper, James R. 2013)

Abordagem tradicional "conflito ou cooperação no domínio da água"!

O termo convencional *"hidropolítica"* deve agora englobar a consideração de uma variedade de escalas, novos actores, maior interdependência entre água, energia e alimentos, novas geopolíticas e novas tecnologias.

A utilização conjunta da gestão transfronteiriça dos recursos hídricos e da abordagem do aprovisionamento energético benéfico, em vez de se discutir apenas a partilha ou a atribuição da água em si, oferece, de longe, as melhores possibilidades de identificar acções de colaboração mutuamente construtivas.

O Oxford English Dictionary define a palavra "cooperação" como "trabalhar ou agir em conjunto para o mesmo fim" para um objetivo ou benefício comum (Claudine Brelet 2013). Infelizmente, este processo nem sempre tem em conta uma *"visão partilhada"* para alcançar um objetivo final. A verdadeira colaboração requer uma relação de dependência e confiança mútuas.

No sector da água, a abordagem cooperativa ainda se baseia, com demasiada frequência, apenas em dados hidrológicos e climatológicos, na modelização e na engenharia, tudo isto assente na aplicação de princípios científicos e matemáticos a fins práticos (Claudine Brelet 2013).

As preocupações com a "cooperação" transfronteiriça no domínio da água têm de passar da quantidade absoluta de água para uma colaboração aplicável à partilha de benefícios em matéria de abastecimento de água e energia. Se a colaboração é essencial para uma gestão sustentável dos recursos hídricos transfronteiriços, o suplemento de petróleo e gás natural, de uma forma mutuamente benéfica, pode ajudar a construir esta colaboração em bacias hidrográficas transfronteiriças adequadas.

Conceptualizar o conflito e a cooperação de uma forma linear não é uma abordagem orientada para a solução. É muito difícil conseguir uma cooperação transfronteiriça no domínio da água com pressupostos normativos que partem de questões de água conflituosas. Pode ser produtivo concentrar-se na análise das rápidas mudanças que trouxeram novas áreas de colaboração entre os Estados da bacia, em vez de considerar eventos discretos relacionados com as interações transfronteiriças no domínio da água.

A crescente procura de energia e a energia das águas transfronteiriças

A água é uma fonte de energia principal ou muito importante nalguns países pobres em hidrocarbonetos. Este facto coloca os recursos hídricos ao lado das principais fontes de energia, como o gás e o petróleo. Todos os recursos energéticos, com exceção da água, dificilmente causam perturbações diretas aos Estados vizinhos ou ribeirinhos no processo normal de produção de energia. Mas a água é a única fonte de energia que pode afetar diretamente os Estados a jusante, na ausência de qualquer acordo. Por conseguinte, mesmo que a água seja uma fonte de energia, o Estado ribeirinho a montante não é tão livre como os Estados detentores de petróleo e de gás na utilização da água para produzir energia. Estas circunstâncias obrigam a um acordo de fornecimento de energia mutuamente benéfico entre os países ribeirinhos a jusante, ricos em energia, e os países ribeirinhos a montante, ricos em água.

Por conseguinte, nalgumas bacias hidrográficas transfronteiriças, um novo paradigma de colaboração global deve incluir uma interdependência positiva realista dos recursos hídricos e energéticos para criar confiança e uma gestão transfronteiriça da água aplicável e sustentável

A persistência de conflitos relacionados com a água em muitas regiões áridas não é apenas uma questão de escassez de água, mas antes a falta de acordos equitativos e de confiança. Para alcançar a segurança hídrica sustentável, a paz e a estabilidade hídrica, um nível mais elevado de interdependência desempenha um papel muito importante na criação de confiança. Por conseguinte, a colaboração internacional nos domínios da água e da energia, em relação com a hidropolítica transfronteiriça, é uma necessidade futura.

A nova geopolítica energética, a nova geopolítica alimentar, os novos recursos energéticos fósseis, as alterações climáticas e as novas ameaças naturais exigem uma nova abordagem da hidrodiplomacia internacional

Pressão das alterações climáticas sobre a diplomacia hidrográfica

Embora existam várias razões para uma nova abordagem de diplomacia hídrica, a razão mais básica que nos obriga a essa nova abordagem são as irregularidades climáticas que já se registaram em várias partes do mundo. As alterações climáticas contribuirão para alterações dramáticas nos parâmetros físicos do regime hídrico prevalecente em muitos rios. Tendo em conta os possíveis impactos das irregularidades climáticas, pode dizer-se que a gestão transfronteiriça da água vai enfrentar sérios riscos no âmbito das irregularidades climáticas.

As irregularidades e a incerteza que as alterações climáticas implicam para muitas bacias constituem uma nova ameaça para a gestão transfronteiriça da água. Se as alterações climáticas resultassem em conflitos, estes seriam provavelmente sobre a água[II] . Os riscos políticos resultantes de condições meteorológicas extremas tornaram-se evidentes, por exemplo, na forma como as forças fundamentalistas foram capazes de explorar politicamente as falhas do governo no Paquistão, na sequência das grandes inundações de 2010.

[II]Benjamin Pohl 2014 The rise of hydro-diplomacy Strengthening foreign policy for transboundary waters. www.climate-diplomacy.org. www.adelphi.de

Em certas regiões, as variações climáticas resultam num excesso de água durante determinados períodos do ano, contrastando com um défice durante outros (Jägerskog, 2013).

Infelizmente, poucos acordos transfronteiriços (quando existem e se existem) foram concebidos para compensar o aumento das variações, uma vez que são frequentemente limitados por uma definição rígida da atribuição de água expressa em termos de volumes de água e não de percentagens de caudal que, de outro modo, permitiriam uma maior flexibilidade. Assim, maiores variações climáticas resultarão numa pressão acrescida sobre, em muitos casos, acordos bastante fracos (Falkenmark M., e Jägerskog, A., 2010).

Por conseguinte, *a "necessidade imediata de uma abordagem de colaboração"* e o que deve ser feito para esta mudança devem ser tidos em conta em congressos, simpósios e fóruns internacionais.

Uma nova abordagem de hidro-diplomacia internacional

As águas transfronteiriças são uma questão fulcral mas pouco apreciada na política mundial. A gestão da água em muitas bacias transfronteiriças é altamente politizada e tem um impacto considerável na prevenção de conflitos, na estabilidade regional, no estabelecimento da paz ambiental e na governação internacional. Por conseguinte, a governação transfronteiriça da água é um domínio que deve merecer maior atenção por parte da comunidade da política externa.

Há poucos precedentes históricos de grandes "guerras da água". Pelo contrário, as águas partilhadas têm sido, em alguns casos, "ilhas de cooperação" em relações que, de outro modo, seriam conflituosas. Assim, o Tratado sobre as Águas do Indo, de 1960, sobreviveu a três guerras entre a Índia e o Paquistão, a cooperação no Mekong persistiu durante as guerras da Indochina e a água tem sido um meio crucial para reforçar a cooperação na África Austral. Consequentemente, a utilização e a atribuição de água em bacias transfronteiriças é simultaneamente uma fonte de tensão e uma oportunidade para promover práticas de cooperação e criar instituições de colaboração.

Da cooperação clássica à colaboração global (CC a CC)

Em algumas regiões, a dinâmica económica, política e de segurança da região está, por vezes, intimamente ligada à sua hidropolítica, pelo que a produção de petróleo e de gás e a segurança do seu transporte podem também estar relacionadas com a política e a estabilidade hídricas nas regiões ricas em petróleo e gás.

Como Therese Sjömander Magnusson indicou no seu artigo, *"Precisamos de uma maior compreensão de como funcionam as várias formas de cooperação regional fora do sector da água. Precisamos de uma forma de cooperação que reforce a integração regional que afecta a gestão da água entre países*, (Therese Sjömander Magnusson2014).

Nos casos em que os Estados da bacia hidrográfica são co-riparianos ricos em água e pobres em energia e/ou ricos em energia (petróleo e gás) e pobres em água, este facto pode/deve conduzir a uma colaboração global e à integração regional. Uma nova hidro-diplomacia internacional baseada nesta abordagem de colaboração pode promover a integração regional, apoiando ***o efeito de arrastamento*** das práticas de cooperação para outros sectores.

Uma vez que a segurança energética tem dimensões políticas e económicas, é difícil confinar as questões de segurança energética a qualquer um dos sectores de segurança existentes, porque muitas vezes as ameaças à segurança energética têm ***efeitos de arrastamento*** para os outros sectores e, em muitos casos, para o contrário. Por conseguinte, como já foi referido, é mais provável que a energia seja um super-sector ou um sector transversal ou intersectorial, porque a energia é uma condição prévia necessária para outros sectores (Mikko Palonkorpi2007).

O complexo de segurança da água ou, num termo mais abrangente, o complexo de segurança hidropolítica, definido como "um grupo de Estados cujas preocupações hidropolíticas primárias estão ligadas entre si de forma tão estreita que as suas hidropolíticas nacionais não podem ser realisticamente consideradas separadas umas das outras".

O desenvolvimento da ideia de um complexo hidropolítico de segurança deriva do trabalho de Barry Buzan, que explica o complexo de segurança como sendo um "conjunto de unidades".

Nestes casos, em que as relações entre bacias hidrográficas são instáveis, a hidro-diplomacia pode ser capaz de se basear na colaboração técnica para facilitar a estabilidade e a paz. Essa colaboração pode e deve ser utilizada simultaneamente para promover a integração regional, apoiando o ***efeito de arrastamento*** das práticas de cooperação para outros sectores, de modo a que a água possa tornar-se o núcleo de uma integração mais formal através de regras jurídicas e instituições partilhadas (Pohl 2014).

Nas regiões que são "securitizadas

Os desafios a uma gestão eficaz da água transfronteiriça surgem de diferentes formas em diversas partes do mundo. Em regiões "securitizadas" (onde existe uma forte concentração em questões de segurança, como os conflitos militares, por exemplo, a região do Médio Oriente), a cooperação e o avanço da cooperação para além do sector da água é indiscutivelmente menos provável do que em regiões onde existem questões de segurança menos prementes (Phillips, D.J.H., M. Daoudy, J. Öjendal, S. McCaffrey e A.R. Turton. 2006). Nos locais geográficos onde a securitização é materializada devido a um conjunto de riscos e ameaças percebidos e reais, as possibilidades de interagir numa direção dupla ou múltipla com outras áreas, como o bem-estar social, questões relacionadas com a água, direitos civis, etc., são drasticamente reduzidas e só podem ser revitalizadas até que uma ou mais das outras áreas que não a dita "securitizada" ofereçam contributos úteis para a securitização, conduzindo a uma forma de promover os seus fins. Assim, os componentes do complexo de segurança hidropolítica podem servir como um instrumento para quebrar o destino que a securitização representa, dificultando a cooperação e muito menos a colaboração. Tendo em conta que a securitização de qualquer área em particular se refere explicitamente à centralização do ego de recursos que, de outra forma, poderiam ser um instrumento de amizade, cujos principais impulsionadores não podem ser facilmente removidos, considerando as complexidades do atual ambiente de segurança globalmente prevalecente.

Da mesma forma, tem sido sugerido que a cooperação regional sobre a água como um recurso partilhado pode ser uma receita para uma cooperação mais alargada. Embora este possa ser o caso, é evidente que tal afirmação não deve ser alargada em demasia, (Jägerskog, 2003).

Phillips e outros salientam que o nível de securitização numa bacia hidrográfica é um impedimento a uma abordagem funcionalista (cooperação que leva à cooperação), uma vez que a preocupação dos Estados será a segurança nacional, limitando assim claramente o espaço para perspectivas regionais (Phillips, D.J.H., M. Daoudy, J. Öjendal, S. McCaffrey e A.R. Turton. 2006). Isto não significa que a cooperação não possa acontecer, mas a afirmação de que tal conduziria quase automaticamente a uma cooperação mais alargada é rebuscada.

Assimetria de poder

A política das bacias é frequentemente agravada por assimetrias de poder, o que levanta a questão de como lidar com as hegemonias ribeirinhas. As hegemonias hidrográficas recusam-se frequentemente a participar em cooperações multilaterais, preferindo lidar com parceiros mais fracos numa base bilateral (Pohl 2014).

Os benefícios da gestão colaborativa das águas transfronteiriças não podem, portanto, ser contabilizados apenas nos ganhos económicos diretos, mas também nos benefícios dos conflitos evitados.

A necessidade e os benefícios prospectivos da hidro-diplomacia estão, portanto, a aumentar (Pohl 2014). Embora as águas partilhadas tenham gerado conflitos, também apresentam oportunidades diplomáticas. Neste caso, a questão reside em saber em que condições coercivas ou persuasivas um país que possui uma assimetria de poder em relação a outros pode ser levado a um compromisso e a uma troca. Na nossa opinião, um compromisso abrangente e mutuamente vantajoso da política de aprovisionamento energético pode reduzir os efeitos e as consequências limitadoras da securitização dos recursos hídricos transfronteiriços e aumentar os benefícios prospectivos da hidro-diplomacia em algumas regiões apropriadas.

Estruturas de poder na região

Zeitoun e Mirumachi defendem que é imperativo efetuar uma análise exaustiva das estruturas de poder antes de qualquer envolvimento no apoio à gestão das águas transfronteiriças, Zeitoun, M, e N. Mirumachi (2008). É óbvio que uma região não pode avançar para uma cooperação e integração mais alargadas sem ter em conta a dinâmica da estrutura de poder.

O principal obstáculo a uma relação construtiva entre as partes ricas em energia e pobres em água e as partes ricas em energia e pobres em água, que partilham a mesma bacia no papel de países a montante e a jusante, é a falta de uma política inclusiva e abrangente de fornecimento de energia que possa garantir o fornecimento de energia em troca de água. Na verdade, a responsabilidade cabe a ambas as partes, na medida em que, enquanto a parte rica em energia e pobre em água tende a abusar da noção que implica que o fornecimento de água é uma questão de direitos humanos básicos, ignorando outros aspectos da questão, a outra parte - rica em energia e pobre em água - tende a exercer uma assimetria de poder que deriva apenas da posse de energia. Outra questão que se pode colocar é a de saber se a atual estrutura, mecanismos e código de leis que regem a gestão das águas transfronteiriças permitem chegar a um compromisso ou a uma solução de compromisso. A obtenção ou, pelo menos, os esforços no sentido de um ponto de compromisso serviriam para colocar ambas as partes em condições de igualdade, de modo a criar confiança para alcançar níveis mais elevados de objectivos de gestão da água em colaboração de longo alcance.

Complexos regionais de segurança (água - energia)

Desde o fim da Guerra Fria, a compreensão da segurança e do ambiente de segurança da política internacional foi radicalmente alterada. É geralmente aceite que os mecanismos/ideias de segurança regional podem ter um impacto nas identidades e comportamentos dos actores. É por isso que a segurança regional se tornou um tema importante para as relações internacionais (RI).

Após o rápido aumento da dependência do petróleo e do gás natural entre Estados co-rivais em algumas bacias hidrográficas transfronteiriças, estes recursos energéticos podem também ser utilizados como uma arma política, tal como os recursos hídricos. Este facto sugere que as questões relacionadas com a água e a energia podem envolver relações de interdependência que incluem aspectos políticos que podem ser considerados ameaças à segurança (água-energia), se não todas, em algumas regiões.

Os complexos regionais de segurança hídrica e energética podem ser formados por uma interação relacionada com a água e a energia entre dois ou mais Estados numa área geográfica limitada, o que inclui uma relação de dependência hídrica e energética entre os Estados envolvidos e a perceção dessa dependência como uma ameaça (securitização).

A interação energética inclui transacções como a produção (exportação), a compra (importação) e o trânsito de energia. A dependência energética é politizada ou securitizada mais facilmente se estiver ligada a outras controvérsias ou conflitos (inimizade) entre Estados e estas percepções de inimizade podem ser consideradas como factores que transformam a dependência numa dependência energética negativa. Analogamente às definições de RSCT de Buzan & Wæver, também as ameaças decorrentes das dependências energéticas são normalmente mais intensas entre Estados (ou regiões) geograficamente muito próximos.

Por outro lado, é provável que a interdependência energética positiva se desenvolva de acordo com as regras do mercado da energia, em que as principais ameaças são a segurança do aprovisionamento e a estabilidade do preço da energia, tal como acima referido.

Como Howard Chase salientou, a falta de autossuficiência energética não é, em si mesma, um problema, porque o comércio de energia é o mecanismo que deve equilibrar essa situação. Mas o mecanismo de comércio de água não seria uma solução no caso de um país vizinho pobre em água. Esta diferença entre as fontes de água e de energia pode colocar ***"uma nova abordagem da política hídrica"*** na origem do complexo de segurança regional.

Acordos transfronteiriços sobre energia e água: Encontrar um ponto de equilíbrio

Se considerarmos que os países ricos em água a montante e os países ricos em energia a jusante se situam na mesma bacia hidrográfica transfronteiriça, os países ribeirinhos a montante podem utilizar as águas transfronteiriças para exercer pressão política. Por outro lado, se houver um acordo sobre o fornecimento de petróleo ou gás do país a jusante para o país a montante, o preço da energia pode também ser um instrumento muito eficaz de pressão política do país a jusante.

Mas isto também pode ligar os países com uma situação vantajosa para todos.

Se o preço da energia for subsidiado por um Estado co-ripariano rico em energia, este será um primeiro passo muito concreto para alcançar a confiança. Mas este pode ser apenas um primeiro passo e deve ser *alargado* a outros sectores, bem como ao desenvolvimento de um acordo transfronteiriço sobre a água mutuamente benéfico. Porque as elites tanto do país recetor como do país fornecedor sabem que os preços subsidiados da energia podem ser retirados em qualquer altura. Este risco exige também acordos de interdependência e de benefício mútuo entre os Estados coripários.

De facto, pode ser uma situação vantajosa para todos quando é bem organizada.

Por um lado, os preços subsidiados da energia contribuem, por sua vez, para a estabilidade interna e espera-se que o Estado dependente tenha em consideração os interesses do país fornecedor a fim de garantir os preços subsidiados - e a estabilidade interna - no futuro. Por outro lado, as receitas das exportações de energia não são menos importantes para a estabilidade interna dos países produtores. Se estas receitas desaparecerem subitamente, o país produtor poderá enfrentar desafios consideráveis em termos de estabilidade.

Em resumo, tanto os preços subsidiados da energia como o acordo transfronteiriço sobre a água, mutuamente benéfico, podem alimentar-se mutuamente para criar confiança na bacia. Esta abordagem contribuirá exatamente para a estabilidade da bacia com um método vantajoso para todos. Um novo sistema eficaz de gestão transfronteiriça da água, mutuamente benéfico, será um dos resultados mais importantes deste processo.

Conclusão

medida que a qualidade da água se deteriora e o desenvolvimento demográfico e socioeconómico aumenta no mundo, a procura de recursos de água doce também aumenta. Esta tendência é ainda agravada pelas alterações climáticas. As irregularidades climáticas e as alterações ambientais são susceptíveis de acentuar os conflitos sociais e políticos existentes e de desencadear novos conflitos sobre a água, em especial em regiões que não dispõem de instituições sólidas para a cooperação, pelo menos, e para a colaboração que devemos ter como objetivo.

Em algumas partes do mundo onde existem disputas sobre a água e a energia, a nova política internacional em matéria de recursos hídricos transfronteiriços, juntamente com a política de aprovisionamento energético transfronteiriço, pode representar desafios e oportunidades significativos para os responsáveis pela política externa, a fim de evitar conflitos e aproveitar as oportunidades para uma maior cooperação regional.

Os vários conflitos em torno da água e as tensões interestatais em torno das questões da água na bacia do Nilo, no Médio Oriente, na Ásia Central e Meridional e na África do Sul exigem uma colaboração abrangente que requer confiança entre os países. A política de aprovisionamento de petróleo e gás natural pode desempenhar um papel muito importante na criação de confiança. Isto também pode criar uma abordagem de colaboração para a gestão transfronteiriça da água com base numa maior cooperação regional.

As alterações climáticas tornaram-se progressivamente uma questão de segurança para os países, conduzindo a uma mudança necessária das políticas da água, bem como do seu comportamento relativamente à gestão transfronteiriça da água. Por conseguinte, deve ser uma prioridade promover uma cooperação mais profunda e uma colaboração abrangente na gestão transfronteiriça dos recursos hídricos, avaliando as alterações climáticas e os seus impactos nestes recursos hídricos estratégicos.

De facto, a abordagem clássica de cooperação entre Estados co-riparianos não seria suficiente para gerir os rios transfronteiriços e os aquíferos transfronteiriços sob os efeitos das alterações climáticas, bem como das novas relações internacionais e da nova geopolítica. Para além dos rios transfronteiriços, a governação adequada dos aquíferos transfronteiriços exige níveis particularmente elevados de colaboração internacional.

Tendo em conta o rápido aumento das necessidades de água e de energia, os vizinhos ricos em recursos energéticos podem criar relações amigáveis e mais estreitas entre os Estados co-ribeirinhos nas bacias hidrográficas transfronteiriças. Isto pode tornar mais eficaz a política hidrológica necessária, aplicando-a a uma cooperação transfronteiriça mais ampla e a esforços a nível económico e político regional.

Uma maior visão e um maior alcance da cooperação podem conduzir a maiores benefícios potenciais. No entanto, a obtenção de tais sinergias entre os recursos hídricos e energéticos exige um interesse político específico.

A política de fornecimento de energia de uma forma mutuamente benéfica pode ser um instrumento útil para ajudar a atenuar as consequências políticas negativas dos problemas de governação transfronteiriça da água e para promover uma maior cooperação sempre que possível. Os acordos de aprovisionamento de petróleo e gás podem criar confiança mútua e ajudar a reduzir as incertezas entre Estados co-ribeirinhos. Podem proporcionar incentivos para a sua realização e ajudar a enquadrar as questões de forma a que a cooperação se torne politicamente mais atractiva do que as acções unilaterais.

A gestão sustentável dos recursos hídricos transfronteiriços exige um maior empenhamento político e diplomático, que não pode ser alcançado apenas através de uma abordagem cooperativa clássica em matéria de recursos hídricos.

Exige uma visão partilhada, um objetivo partilhado e unidade de esforços, o que significa uma verdadeira abordagem de colaboração com base na nova abordagem de hidro-diplomacia, em vez da clássica abordagem de cooperação estrita

Capítulo 4
As novas ameaças às águas transfronteiriças exigem uma nova abordagem concetual

Resumo
Cerca de 40% da população mundial vive em bacias hidrográficas transfronteiriças e as ameaças crescentes, como as alterações climáticas, sublinham a necessidade urgente de uma gestão coordenada das massas de água transfronteiriças. A realidade das alterações globais exige uma "hidrodiplomacia" inovadora destinada a reforçar a colaboração internacional para a adaptação às alterações climáticas no âmbito da segurança regional e de políticas vantajosas para todos.

Desde o fim da Guerra Fria, a "cooperação regional" clássica tem sido a abordagem mais mencionada para resolver os conflitos transfronteiriços sobre a água entre os Estados ribeirinhos, mas esta abordagem enfrenta novos desafios, como os impactos devastadores da seca prolongada, bem como a instabilidade e os conflitos actuais, exigindo assim um novo paradigma para a cooperação no domínio da água.

A natureza clássica das relações internacionais precisa de mudar de um jogo de soma zero baseado na apropriação de recursos para uma plataforma de inter-relações mutuamente benéficas e de apoio. Esta mudança exige mais do que intenções e requer um novo paradigma. Exige que identifiquemos os mecanismos mais eficazes para que os governos se envolvam numa colaboração regional que seja eficaz na gestão de um curso de água partilhado.

Existe um paradoxo no facto de, apesar de a importância vital da gestão transfronteiriça da água ser continuamente salientada, nas últimas décadas ter havido poucos avanços no desenvolvimento de quadros aplicáveis e eficazes para uma cooperação internacional realista no domínio da água. Este artigo apresenta um novo paradigma para uma cooperação e colaboração internacionais mais realistas no domínio da água.

Porque é que precisamos de uma nova hidro-diplomacia internacional?

Embora existam muitas razões que justificam a necessidade de uma nova abordagem concetual da hidrodiplomacia, a razão mais básica tem a ver com as alterações climáticas e a variabilidade hidrológica. A variabilidade e a incerteza que as alterações climáticas implicam para muitas bacias constituem uma nova ameaça para a gestão transfronteiriça dos recursos hídricos e, em certas regiões, as alterações climáticas resultarão num excesso de água em determinados períodos do ano e num défice noutros2. Em consequência destas alterações, Pohl et al. sugerem que, se as alterações climáticas resultarem em conflitos, estes serão muito provavelmente relacionados com a água1.

Infelizmente, poucos acordos transfronteiriços (por exemplo, o acordo sobre o rio Orontes entre o Líbano e a Síria) foram concebidos para ter em conta as alterações e a variabilidade climáticas, uma vez que estão frequentemente limitados a uma definição rígida da atribuição de água expressa em termos de volumes de água e não em percentagens de caudal que permitiriam uma maior flexibilidade. Assim, maiores variações climáticas resultarão numa maior pressão sobre, em muitos casos, acordos de partilha da água já fracos3.

É igualmente lamentável que a gestão da água em muitas bacias transfronteiriças seja altamente politizada, o que tem um impacto considerável na prevenção de conflitos, na estabilidade regional e na governação internacional.

Uma nova abordagem concetual

Tendo em conta estes desafios, o termo convencional "hidropolítica" deve agora incluir a consideração de uma variedade de escalas, novos actores, uma maior consideração da relação entre água, energia e alimentos, novas geopolíticas e novas tecnologias.

O Oxford English Dictionary define a palavra "cooperação" como "trabalhar ou agir em conjunto para o mesmo fim, para um objetivo ou benefício comum "4. Infelizmente, este processo nem sempre tem em conta uma "visão partilhada" para atingir um objetivo final. Uma verdadeira colaboração exige uma relação de dependência e confiança mútuas.

Por conseguinte, a reflexão sobre a "cooperação" no domínio da água transfronteiriça tem de deixar de se centrar na partilha de quantidades absolutas de água e passar a centrar-se no reforço das capacidades de gestão da água transfronteiriça e na colaboração na partilha de benefícios em diferentes sectores. Se a colaboração é essencial para uma gestão sustentável da água transfronteiriça, os Estados co-ribeirinhos têm, em primeiro lugar, de encontrar uma forma mutuamente benéfica que possa ajudar a construir essa colaboração.

Conceptualizar o conflito e a cooperação de uma forma linear não é uma abordagem orientada para a solução. É necessária uma nova abordagem concetual. Pode ser produtivo centrar as análises nas novas ameaças à segurança, como a energia, o ambiente e as alterações climáticas, como questões comuns que exigem a colaboração entre os Estados da bacia hidrográfica, em vez de considerar casos discretos relacionados com as interações transfronteiriças no domínio da água.

Como sugere Therese Sjömander Magnusson5 , "precisamos de compreender melhor como funcionam as várias formas de cooperação regional fora do sector da água. Precisamos de uma forma de cooperação que reforce a integração regional que afecta a gestão da água entre países".

Nova diplomacia hidroelétrica: Efeitos de arrastamento e partilha de custos e benefícios

Uma nova ameaça, como os impactos das alterações climáticas nos recursos hídricos, deve dar um novo enfoque ao enquadramento dos conflitos hídricos.

Nestes casos em que as relações entre bacias são instáveis, a adaptação aos impactes das alterações climáticas pode basear-se na colaboração técnica para facilitar a estabilidade. Essa colaboração pode e deve ser utilizada simultaneamente para promover a integração regional, apoiando o "efeito de arrastamento" das práticas de cooperação para outros sectores, de modo a que a gestão da água possa tornar-se o núcleo de uma integração mais formal através de regras jurídicas e instituições partilhadas7.

A nova diplomacia hídrica deve também ter em conta a abordagem de partilha de "custos e benefícios" em vez da partilha da água sob os efeitos das alterações climáticas.

Capítulo 5
As questões internacionais da água exigem mais do que cooperação

Resumo

O Secretário-Geral da ONU, Ban ki-Mun, salientou pontos extremamente importantes e extraordinários na sua intervenção na abertura do 7.º Fórum Mundial da Água, realizado em Daegu, Gyeongbuk, República da Coreia, em 12 de abril de 2015. Em vez de encarar a escassez de água como um motivo de competição ou conflito, temos de a tratar como um desafio à colaboração, um desafio à participação numa hidro-diplomacia inovadora. No mundo de hoje, temos de estar mais conscientes dos riscos de conflitos relacionados com a água".

É importante notar a ênfase dada à "colaboração e à hidro-diplomacia inovadora" nas suas observações

Ao discursar por ocasião do Dia Mundial da Água de 2013, o Secretário-Geral também afirmou: "A escassez de água ameaça os ganhos económicos e sociais... E é um potente combustível para guerras e conflitos". Os avisos do Secretário-Geral Ban Ki-moon foram reflectidos na definição oficial de segurança da água fornecida pela Universidade das Nações Unidas - IWEH, que diz

"A capacidade de uma população para salvaguardar o acesso sustentável a quantidades adequadas de água e a água de qualidade aceitável para sustentar os meios de subsistência, o bem-estar humano e o desenvolvimento socioeconómico, para assegurar a proteção contra a poluição de origem hídrica e as catástrofes relacionadas com a água, e para preservar os ecossistemas num clima de paz e estabilidade política."

É importante notar a ênfase em "num clima de paz e estabilidade política" nesta definição.

As preocupações das Nações Unidas são justificadas, uma vez que o mundo enfrenta uma era de esgotamento dos recursos hídricos. O Relatório sobre o Desenvolvimento Mundial da Água da UNESCO, publicado em março de 2015, alerta-nos para um grave esgotamento das reservas de água até 2050, ao mesmo tempo que se regista um aumento significativo da procura devido ao crescimento da população, ao desenvolvimento económico e à urbanização, entre outros factores.

Os diferentes efeitos das alterações climáticas estão atualmente a contribuir para uma escassez ainda maior de água e para maiores riscos de segurança, o que nos mostra que precisamos de uma solução eficaz e mutuamente benéfica para os problemas relacionados com os recursos hídricos.

À escala global, a solução eficaz e mutuamente benéfica dos problemas relacionados com os recursos hídricos está na base da paz, da segurança e da estabilidade. Mas isto só pode tornar-se realidade se alterarmos as nossas abordagens conceptuais da gestão nacional e transfronteiriça da água.

Keywords:Água Transfronteiriça, Novo Paradigma da Água, Mudança de Conceção da Água, Nova Diplomacia Hídrica, Cooperação Tradicional no Domínio da Água, Nova Política Hídrica, Visão Partilhada, Objetivo Partilhado,

Introdução

Ao longo da história, as nações têm-se concentrado geralmente na forma de partilhar as descargas dos rios transfronteiriços. Os novos desenvolvimentos obrigam as nações a partilhar os custos e os benefícios do rio com base na bacia hidrográfica. A questão fundamental neste domínio sempre foi e continua a ser o desenvolvimento de uma nova diplomacia hidrográfica. Se a água une mais do que divide as pessoas e as sociedades, então podemos encontrar a forma mais adequada de eliminar os riscos e as ameaças crescentes.

A principal tarefa que a comunidade internacional enfrenta atualmente no domínio dos recursos hídricos é a transferência das obrigações assumidas para acções concretas que exigem uma mudança de paradigma da cooperação clássica para uma verdadeira colaboração.

1. Definição e significado do termo "Cooperação no domínio da água

A cooperação é definida como "um acordo voluntário em que duas ou mais entidades se envolvem num intercâmbio mutuamente benéfico em vez de competirem. A cooperação pode ocorrer
onde os recursos adequados para ambas as partes existem ou são criados pela sua interação." No dicionário de negócios .[III]

Tal como indicado no dicionário, "a cooperação pode ocorrer quando existem recursos adequados para ambas as partes". Se os recursos não forem adequados e estiverem seriamente ameaçados, como é o caso dos recursos hídricos, apercebemo-nos de que não tem sido fácil cooperar, especialmente nas bacias hidrográficas internacionais.

Há ainda alguns passos fundamentais a dar. Ainda não se chegou a um consenso global sobre o termo a utilizar para designar uma fonte de água (rios/lagos/aquíferos) que flui de um país para outro. Transfronteiriço, internacional, partilhado são algumas das formas como os países caracterizam estas massas de água. Neste caso, o esforço de cooperação no domínio da água começa com a falta de definições idênticas que podem ser efectivas para bloquear os passos seguintes.

é agora necessário clarificar o que entendemos por cooperação.

No relatório [6] é referido o seguinte: "A mera assinatura de tratados de atribuição de recursos hídricos entre países ribeirinhos não é cooperação. Mesmo a assinatura de tratados que vão para além da atribuição e prevêem intercâmbios e joint ventures também não é cooperação. Para que a cooperação seja significativa, tem de ser ativa de uma forma operacional."

Esta identificação mostra claramente que a abordagem clássica da cooperação não é suficiente e que é necessário redefinir o termo cooperação

Como se diz na identificação "Para que a cooperação seja significativa, tem de ser ativa de uma forma operacional". É certamente verdadeira uma explicação alargada de cooperação que significa Cooperação Ativa.

De facto, se uma cooperação significativa é identificada como "ativa de uma forma operacional", isso exige mais do que uma abordagem clássica de cooperação. Trata-se de uma abordagem mais significativa e mais orientada para os objectivos, que pode ser identificada como

---

[III] http://www.businessdictionary.com/definition/cooperation.html

uma abordagem de colaboração.

2. Mecanismos de cooperação no domínio da água

A cooperação no domínio da água necessita de alguns mecanismos, que podem ser encontrados na literatura. Alguns exemplos de mecanismos de cooperação no domínio da água utilizados no relatório [6] para calcular o quociente de cooperação no domínio da água[IV] [V] são apresentados de seguida;

Acordo, Comissão, Reuniões Ministeriais, Projectos Técnicos, Harmonização da Proteção Ambiental e da Qualidade, Monitorização Conjunta dos Caudais de Água, Barragem de Cheias, Cooperação de Reservatórios, Compromisso Político Elevado e/ou Envolvimento de HOGs, Integração no Desenvolvimento Económico, Funcionamento Atual do Mecanismo

É difícil ver todos eles, mesmo alguns deles, num processo de cooperação entre Estados ribeirinhos, porque podemos encontrar diferentes tipos de identificação de cooperação necessários para pôr em prática este esforço. Mas, mesmo assim, parece que o conceito tradicional de cooperação não é suficiente para reforçar as relações de gestão partilhada da água entre os Estados ribeirinhos.

3. Que tipo de cooperação?

No sector da água, a abordagem cooperativa ainda se baseia, com demasiada frequência, apenas em dados hidrológicos e climatológicos, na modelização e na engenharia, tudo isto assente na aplicação de princípios científicos e matemáticos a fins práticos [9]. Mas isto não traz qualquer relação de dependência e confiança mútuas. Por isso, alguns especialistas precisam de termos de cooperação mais fortes, mais benéficos e significativos para apoiar a sua tese tradicional baseada na abordagem cooperativa.

Estes são apresentados a seguir;

- Cooperação intensiva no domínio da água
- Melhoria da cooperação no domínio da água
- Cooperação ativa no domínio da água
- Cooperação eficaz no domínio da água
- Cooperação significativa no domínio da água

Parece que apenas a intenção de cooperação não produziu resultados satisfatórios e que estes diferentes tipos de cooperação são necessários para ter êxito no processo de cooperação.

Mas se não conseguirmos ir além da abordagem tradicional de cooperação como conceito, este novo tipo de definições de cooperação não nos ajuda a melhorar a gestão internacional da água.

4. A abordagem tradicional "conflito ou cooperação no domínio da água" termina

O termo convencional *"hidropolítica"* deve agora englobar a consideração de uma variedade de escalas, novos actores, maior interdependência entre água, energia e alimentos, novas geopolíticas e novas tecnologias.

O Oxford English Dictionary define a palavra 'cooperação' como "trabalhar ou agir em conjunto

---

[IV] Cada mecanismo de cooperação é pontuado em cada indicador, consoante apresente ou não as condições mencionadas.
[V] A WCQ é um conjunto de dez indicadores que ajudam a determinar e a quantificar o grau de colaboração entre dois ou mais países com cursos de água partilhados.

para o mesmo fim", com um objetivo ou benefício comum [9]. Infelizmente, este processo nem sempre tem em conta uma *"visão partilhada"* para atingir um objetivo final. A verdadeira colaboração exige uma relação de dependência e confiança mútuas.

Conceptualizar o conflito e a cooperação de uma forma linear não é uma abordagem orientada para a solução. É muito difícil conseguir uma cooperação transfronteiriça no domínio da água com pressupostos normativos que partam de questões de água conflituosas existentes. Pode ser produtivo concentrar-se na análise das rápidas mudanças que trouxeram novas áreas de colaboração entre os Estados da bacia, em vez de considerar eventos discretos relacionados com as interações transfronteiriças no domínio da água.

Podemos dizer que "o conceito tradicional de "conflito ou cooperação no domínio da água" termina com uma abordagem integrada que coloca a tónica numa maior diversidade e flexibilidade. É por isso que a gestão da água envolve numerosos desafios. Estes vários desafios exigem processos de política hídrica multifacetados e mais flexíveis.

5. Quociente de cooperação no domínio da água

O relatório sobre o Quociente de Cooperação no domínio da Água, elaborado pelo **Strategic Foresight Group,** é muito valioso[6] e tem por objetivo propor uma forma de medir a intensidade e a força operacional da cooperação transfronteiriça no sector da água.

Para tal, é necessário calcular o Quociente de Cooperação no domínio da Água com base em determinados parâmetros. Os parâmetros são extraídos da experiência das organizações de bacia hidrográfica, que são respeitadas em todo o mundo por aplicarem com êxito os acordos de cooperação no domínio da água[6].

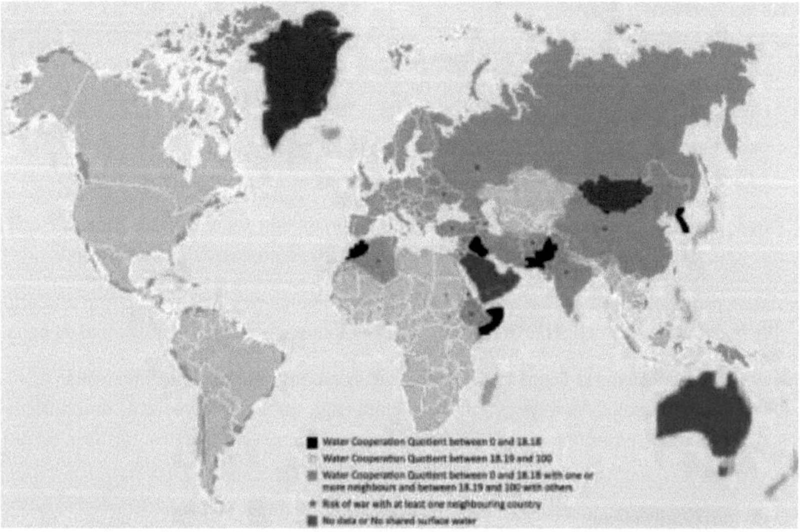

Figura 1 . Cooperação ativa no domínio da água e risco de guerra [6].

O Quociente de Cooperação no domínio da Água pode ser utilizado para identificar lacunas nos mecanismos de cooperação e melhorar as estratégias e os métodos de cooperação.

O Quociente ajudou-me a avaliar os mecanismos de cooperação regional já existentes que não estão a funcionar bem.

Como se pode ver na figura 1, os pontos a vermelho representam o risco de guerra com pelo menos um país vizinho. Isto significa que o esforço de mecanismos activos de cooperação no domínio da água não funciona bem ou que o esforço de cooperação em si mesmo não traz quaisquer relações significativas nas regiões do mundo mais afectadas pela escassez de água.

Precisamos de um novo paradigma para dar um passo em frente. Penso que é necessário começar com uma nova visão para utually4646 a experiência passada adquirida em todas as questões transfronteiriças do mundo.

Este novo paradigma e abordagem não existem de todo e são extremamente necessários.

Mudança de paradigma e de conceção

Temos de mudar a abordagem da gestão transfronteiriça da água, passando da cooperação para a colaboração, a fim de dar um passo em frente em relação aos objectivos relacionados com a água e às questões de segurança o mais rapidamente possível

As preocupações com a "cooperação" transfronteiriça no domínio da água têm de passar da quantidade absoluta de água para uma colaboração aplicável à partilha de benefícios em matéria de abastecimento de água. Se a colaboração é essencial para uma gestão sustentável dos recursos hídricos transfronteiriços, uma forma mutuamente benéfica pode ajudar a construir esta colaboração em bacias hidrográficas transfronteiriças adequadas.

A maior parte dos desenvolvimentos, incluindo as alterações climáticas e o nexo água, energia, alimentação e ecossistema, demonstraram que é cada vez mais necessário adotar abordagens inovadoras para a governação transfronteiriça da água. Devemos desenvolver uma abordagem muito inovadora para a governação transfronteiriça da água em várias bacias do mundo.

Em primeiro lugar, devemos reduzir os conceitos e princípios dos tratados e regulamentos internacionais sobre a água a um nível muito local. Devemos ter em conta a governação a vários níveis, considerando o equilíbrio entre eles.

Se a construção da confiança entre os países ribeirinhos é uma necessidade, então devemos encontrar uma abordagem nova e inovadora e uma relação mais interdependente para além da abordagem clássica de "cooperação" para construir uma confiança fiável e sustentável.

1. Construir uma abordagem baseada em objectivos de confiança

Criar confiança não é apenas uma questão de relações internacionais. É necessário adotar uma abordagem de engenharia. Antes de mais, é necessário encontrar uma forma eficaz de criar uma unidade de esforços à escala da bacia transfronteiriça. Esta abordagem pode ser designada como uma abordagem de criação de confiança para o objetivo da bacia.

Nesta equação, devemos especificar de que forma o reforço da confiança pode ser concretamente implementado, adaptando-se às regras e especificidades locais.

Este processo pode ser designado como uma nova hidrodiplomacia inovadora. Mesmo que ainda não esteja corretamente identificado, o novo conceito inovador de hidrodiplomacia já está em curso sob a influência da nova geopolítica, do nexo, do novo paradigma de segurança e da ameaça das alterações climáticas.

É evidente que uma das principais preocupações do 7th Fórum Mundial da Água é passar da identificação de soluções para a sua implementação. Podemos encontrar alguns exemplos de projectos em que os seus parceiros estão a apresentar soluções concretas e técnicas de implementação para um dos principais desafios da gestão da água.

Através de uma nova e inovadora diplomacia hídrica, devemos criar mais exemplos de como o diálogo relacionado com a água, os objectivos relacionados com a água e as questões de segurança podem dar um passo em frente. Devemos desenvolver uma abordagem de colaboração forte que partilhe os mesmos objectivos entre os países e que possa estabelecer mecanismos de parceria fortes aplicáveis a todos os sectores e partes interessadas. Na verdade, serve vários objectivos mais amplos, neste caso o reforço da cooperação internacional.

2 . Porque é que temos de fazer isso?

A crescente procura de alimentos, água e energia por parte de uma população mundial em crescimento tem colocado uma pressão cada vez maior sobre a utilização dos solos, os recursos hídricos e os ecossistemas. Apesar dos progressos consideráveis registados nos últimos dez anos, as previsões relativas à variabilidade natural do ciclo da água e às condições meteorológicas extremas mostram que, a curto e médio prazo, os esforços continuarão a sofrer de graves limitações. Por conseguinte, a gestão da água não será mais fácil no futuro. Por conseguinte, devemos melhorar a compreensão dos impactos das alterações climáticas no ciclo hidrológico e desenvolver uma melhor compreensão científica do nexo terra-água-energia-clima.

Nestas condições, a gestão dos recursos hídricos em muitas bacias transfronteiriças será mais importante do que noutras, devido ao facto de ter sido altamente politizada e de ter um impacto considerável na prevenção de conflitos, na estabilidade regional, na consolidação da paz ambiental e na governação internacional. Tendo em conta as novas ameaças inerentes e externas à gestão da água, a estratégia que propomos, uma abordagem de baixo para cima a nível local com uma nova hidro-diplomacia adaptativa, abrirá caminho a objectivos mais amplos de colaboração regional e internacional através do aproveitamento de mecanismos de cooperação, considerando, no mínimo, como garantidos os problemas relacionados com a água a nível local.

3 Porque é que precisamos de uma mudança de conceção?

- A abordagem cooperativa clássica é ineficaz
- O processo criativo é necessário para criar confiança e estabilidade hídrica
- O nexo água-energia-alimentos também associa os efeitos das crises a cada sector
- A adaptação aos efeitos das alterações climáticas não é um jogo único e exige trabalho conjunto e unidade de esforços
- O aumento da interdependência ligou as crises locais às crises regionais e mundiais
- A nova geopolítica alimentar abriu novas zonas de disputa
- Uma colaboração global de alto nível reduz a tendência para uma maior utually ation4747
- A colaboração é a base das soluções criativas e da inovação

- Precisamos de soluções criativas e de inovação para avançar

Temos de mudar a natureza das relações internacionais no domínio da gestão dos recursos hídricos, passando de um jogo de soma zero baseado na captura de recursos para uma plataforma de inter-relações mutuamente benéficas.

Avançar exige uma visão partilhada, um objetivo partilhado e unidade de esforços, o que significa uma verdadeira abordagem de colaboração com base na nova abordagem de hidro-diplomacia, em vez da clássica abordagem de cooperação estrita

A gestão sustentável dos recursos hídricos transfronteiriços tem sido uma questão de colaboração. Por conseguinte, é necessária uma mudança concetual da cooperação clássica para uma abordagem de colaboração, o que exige unidade de esforços e integração económica e política regional.

4. A diversidade e a flexibilidade são necessárias

O desenvolvimento e a gestão dos recursos hídricos, tanto a nível transfronteiriço como nacional, estão fortemente ligados ao crescimento sustentável e ao desenvolvimento da paz e da estabilidade regionais.

Assim, é necessária uma abordagem integrada, com ênfase numa maior diversidade e flexibilidade. As novas abordagens de gestão devem basear-se em princípios regionais48 benéficos, centrados nas bacias hidrográficas e nos sistemas aquíferos em conjunto, o que exige uma gestão holística das águas superficiais e subterrâneas, tendo em conta toda a bacia hidrográfica.

A flexibilidade é necessária na nova abordagem de gestão, uma vez que estão em causa numerosos desafios, como as mudanças contínuas nas exigências e nos valores das pessoas e as transformações estruturais na sociedade e no ambiente, para não falar das anomalias climáticas e de outras mudanças exógenas. Estes vários desafios exigem processos de decisão multifacetados e flexíveis

Muitos dos acordos de cooperação transfronteiriça existentes são altamente sectoriais; a maioria trata de obras hidráulicas específicas, utilizações da água e medidas para controlar e regular os fluxos de água, outros tipos de poluição ou o ambiente. É necessário rever estas abordagens de modo a seguir os princípios da GIRH.

As entidades sectoriais devem ser ativamente utilizadas como elementos constitutivos de uma abordagem integrada, com os mecanismos adequados e alterações na legislação.

Uma nova hidropo-diplomacia adaptativa, uma nova etapa

A gestão transfronteiriça das bacias hidrográficas não é totalmente diferente da gestão geral das bacias hidrográficas em termos de regras e regulamentos gerais. Por conseguinte, a gestão adaptativa das bacias hidrográficas transfronteiriças pode ser a chave para dar um passo em frente neste complexo processo.

A gestão adaptativa pode ser definida, de forma mais geral, como um processo sistemático para melhorar as políticas e práticas de gestão, aprendendo com os resultados das estratégias de gestão que já foram aplicadas. A gestão adaptativa dos recursos hídricos tem por objetivo aumentar a capacidade de adaptação do sistema hídrico, criando processos de aprendizagem e as condições necessárias para que esses processos se realizem. Como salientado por Bormann et al. (1993), "a gestão transfronteiriça adaptativa é aprender a gerir gerindo para aprender". Neste caso, a aprendizagem engloba um vasto leque de processos que abrangem os domínios ecológico, económico e sociopolítico, no teste de abordagens duras e suaves (Pahl-Wostl 2002, Gleick 2003).

A este respeito, a gestão adaptativa sublinha a importância do processo de gestão em vez de se concentrar nos objectivos, mas sem pretender que o processo seja um fim em si mesmo. Reconhece explicitamente que as estratégias de gestão e mesmo os objectivos podem ter de ser adaptados durante o processo, à medida que novas informações se tornam disponíveis, e que a qualidade do processo, por exemplo, quem está envolvido e que tipo de informação é tida em conta, é essencial para os resultados finalmente alcançados.

Como foi explicado acima, a gestão de bacias transfronteiriças também deve enfatizar a importância do processo de gestão e da partilha de benefícios, em vez de se concentrar na partilha da descarga de água.

As experiências adquiridas mostraram que a solução sustentável das questões de gestão transfronteiriça da água não é apenas uma questão de cooperação e de diálogo entre os Estados ribeirinhos, mas também de encontrar uma forma mais eficaz de colaborar para o desenvolvimento regional, a paz e a estabilidade. Por conseguinte, as novas abordagens abaixo mencionadas podem ser consideradas como uma forma mais eficaz de criar uma visão partilhada, um objetivo partilhado e uma unidade de esforço para estimular a ação de colaboração e o compromisso político que ajudará a obter benefícios em todas as áreas, incluindo a gestão colaborativa da água.

Uma abordagem inclusiva e a vários níveis para a cooperação no domínio da água: As questões relativas à gestão dos recursos hídricos devem ser abordadas a nível local, nacional e, se for caso disso, a nível regional e internacional. Todas as partes interessadas, incluindo os governos, as organizações internacionais, o sector privado, a sociedade civil e o mundo académico, devem ser envolvidas, prestando especial atenção aos meios de subsistência das pessoas pobres e mais vulneráveis.

Abordagens inovadoras para a cooperação no domínio da água: Continua a ser crucial mobilizar a vontade e o empenhamento políticos para resolver os problemas da água a nível mundial. Igualmente importantes são a visão de futuro e a vontade de considerar formas inovadoras de abordar a cooperação local, regional e internacional.

Abordagem de partilha de benefícios e custos

Os países ribeirinhos devem concentrar-se, em primeiro lugar, na otimização da geração de benefícios a nível da bacia e, em segundo lugar, na partilha desses benefícios de uma forma que seja considerada justa. A utilização da água, mais do que a atribuição da água propriamente dita, proporciona, de longe, o melhor âmbito para a identificação de acções mutuamente benéficas. A perceção por todos os países de que um plano de desenvolvimento e gestão da bacia hidrográfica que maximiza os benefícios globais é "justo" é essencial para motivar e manter a colaboração. Por conseguinte, é importante que se chegue a um consenso sobre os direitos básicos e que se preste atenção à distribuição diferencial dos custos resultantes da utilização dos recursos hídricos de toda a massa de água em questão. Deve reconhecer-se, no entanto, que devido à quantidade limitada de água globalmente disponível em alguns casos, essas decisões envolvem por vezes compromissos e escolhas muito difíceis[5].

O pagamento de benefícios (ou a compensação de custos) só pode ser efectuado no contexto de acordos de colaboração. Os países a jusante podem ser compensados, por exemplo, pela criação e exploração de capacidades de armazenamento adicionais pelos países a montante. Esta solidariedade entre bacias pode também dar aos países a montante o direito de partilharem uma parte dos benefícios gerados a jusante, partilhando assim os custos destas práticas. É importante, no entanto, aplicar uma abordagem especial aos benefícios e custos que não são facilmente quantificáveis ou comensuráveis. O pagamento por serviços ecossistémicos (PES) - como a atenuação das inundações, a regulação do escoamento e o abastecimento de água - é uma abordagem nova e ainda contestada. No entanto, se for bem aplicado, o PSA tem potencial para ser um instrumento ambientalmente eficaz, economicamente eficiente e socialmente equitativo para a GIRH que pode internalizar os custos ambientais, alargar as fontes de financiamento e criar incentivos para investimentos e comportamentos respeitadores do ambiente[5].

Conclusões

As experiências adquiridas mostraram que há muito a fazer na gestão das bacias transfronteiriças de águas superficiais e subterrâneas. Por conseguinte, a primeira coisa a fazer é simplesmente aceitar que "é preciso mais do que cooperação".

Chegou o momento de nos concentrarmos na implementação de ferramentas já identificadas, nos avanços tecnológicos e em novas abordagens (como muitas das excelentes propostas apresentadas durante a conferência) e de avaliar e documentar o que funciona e o que não funciona.

Também é necessário passar da análise global (que é muito útil para quantificar o problema) para soluções localizadas e contextualizadas que envolvam parceiros locais. Definitivamente, uma solução não serve para todos. Os participantes concluíram que, nos últimos anos, se registaram progressos positivos na sensibilização, no conhecimento e no desenvolvimento de ferramentas, mas é necessário avançar na coerência das políticas e no planeamento setorial.

As alterações climáticas tornaram-se progressivamente uma questão de segurança para os países, conduzindo a uma mudança necessária das políticas da água, bem como do seu comportamento relativamente à gestão transfronteiriça da água. Por conseguinte, deve ser uma prioridade promover uma cooperação mais profunda e uma colaboração abrangente na gestão transfronteiriça dos recursos hídricos, avaliando as alterações climáticas e os seus impactos nestes recursos hídricos estratégicos.

De facto, a abordagem clássica de cooperação entre Estados co-riparianos não seria suficiente para gerir os rios transfronteiriços e os aquíferos transfronteiriços sob os efeitos das alterações climáticas, bem como das novas relações internacionais e da nova geopolítica. Para além dos rios transfronteiriços, a governação adequada dos aquíferos transfronteiriços exige níveis particularmente elevados de colaboração internacional.

A gestão sustentável dos recursos hídricos transfronteiriços exige um maior empenhamento político e diplomático, que não pode ser alcançado apenas através de uma abordagem cooperativa clássica em matéria de recursos hídricos.

Exige uma visão partilhada, um objetivo partilhado e uma unidade de esforços, o que significa uma verdadeira abordagem de colaboração com base na nova abordagem de hidro-diplomacia, em vez da clássica abordagem de cooperação estrita.

As questões internacionais relacionadas com a água exigem mais do que cooperação.

Capítulo 6

O país; todos os seus rios são transfronteiriços na Ásia Central

Os rios transfronteiriços do Afeganistão e a segurança regional

Resumo

Para além das questões da paz e da estabilidade, uma das necessidades mais vitais do Afeganistão é o abastecimento seguro e fiável de água. No entanto, o Afeganistão enfrenta alguns problemas económicos, políticos e institucionais para desenvolver o potencial dos recursos hídricos. Estes problemas agravar-se-ão com o passar dos anos.

O Afeganistão é um dos países mais pobres do mundo, com uma economia largamente baseada na agricultura de subsistência. Os agricultores afegãos dependem de fontes fiáveis de água superficial e subterrânea durante todo o ano. Os caudais sazonais de ribeiros e rios alimentados pela neve derretida nas montanhas do Afeganistão recarregam os aquíferos aluviais situados nos vales povoados e fornecem água potável aos habitantes das cidades.

A população atual do Afeganistão é de cerca de 31 milhões de habitantes e prevê-se que aumente em quase 80% até 2050, atingindo aproximadamente 56 milhões. Esta situação irá aumentar a procura dos recursos hídricos do país, que já se encontram sob pressão económica.

Quase todas as bacias hidrográficas são transfronteiriças no país. Devido à agitação política, o país não tem participado em muitos dos acordos que regulam os recursos hídricos na Ásia Central. O seu atual estatuto de "não-jogador" e de "forasteiro" na hidropolítica da Ásia Central tem de ser alterado ao iniciar o desenvolvimento dos recursos hídricos. Esta situação poderá criar um conflito internacional em futuros debates regionais sobre a partilha da água.

Além disso, estudos recentes sugerem que as alterações climáticas globais poderão alterar os padrões de precipitação no Afeganistão. Em particular, tanto a quantidade como o momento da queda de neve em altitudes mais elevadas poderão mudar, afectando a principal fonte de água de muitas zonas do Afeganistão.

O desenvolvimento dos recursos hídricos transfronteiriços mais importantes do Afeganistão é uma necessidade vital para o seu próprio interesse nacional, mas está também diretamente relacionado com uma questão de litígio sobre a gestão dos recursos hídricos transfronteiriços na região.

Por outras palavras, o Afeganistão deve encontrar a melhor forma de desenvolver os seus recursos hídricos transfronteiriços para o desenvolvimento nacional, bem como para a paz e a estabilidade da região. Mas este desenvolvimento não será tão fácil se a atual quantidade de água utilizada pelos Estados ribeirinhos for a mesma quando o Afeganistão planeia libertar uma quantidade menor de água

Introdução

Devido ao facto de o Afeganistão ser um país fechado em termos de território, praticamente todos os seus principais rios desaguam em Estados vizinhos ribeirinhos. As preocupações transfronteiriças estão a intensificar-se ao longo de todas as fronteiras do Afeganistão...."

O Afeganistão dispõe de muitos recursos hídricos e a sua geografia oferece grandes oportunidades para a sua exploração.[VI] [VII] O Afeganistão possui muitos rios, bacias hidrográficas, lagos e zonas desérticas. Os quatro principais sistemas fluviais são o Amu Darya, o Oxus da antiguidade, (fronteira com a Ásia Central, 1.100 quilómetros no Afeganistão); o Helmand (1.300 quilómetros); o Harirud (650 quilómetros no Afeganistão); e o Kabul (460 quilómetros). Apenas o rio Cabul, que se junta ao sistema do Indo no Paquistão, conduz ao mar. Muitos rios e riachos simplesmente desaguam em zonas áridas do país, gastando-se por evaporação sem reabastecer os quatro principais sistemas; outros correm apenas sazonalmente.[VIII]

O Afeganistão é um país azarado que não tem capacidade para desenvolver os seus recursos hídricos. As infra-estruturas hídricas existentes foram destruídas durante trinta anos de guerra. Este défice de capacidade de gestão dos recursos hídricos tem um custo elevado, agravando o desemprego, a insegurança alimentar, as disputas de água e a produção de culturas que podem competir com as drogas ilícitas. Sem os meios para armazenar e desviar a água, as infra-estruturas existentes são vulneráveis a inundações e secas sazonais devastadoras. O Afeganistão também precisa de eletricidade, que apenas chega a 6% das comunidades rurais e a 15% da população urbana.[IX]

O Afeganistão é muito suscetível à seca. Quando o país sofreu uma seca de 1999 a 2005, aldeias inteiras com recursos hídricos limitados foram obrigadas a abandonar as suas terras e a fugir para as grandes cidades e vilas.

A melhoria da gestão nacional e transfronteiriça dos recursos hídricos do Afeganistão é uma necessidade para melhorar a vida de milhões de pessoas. O reforço da cooperação regional para evitar tensões sobre a utilização e gestão dos recursos hídricos partilhados será crucial para o sucesso dos esforços do governo afegão e da comunidade internacional para proporcionar um futuro seguro e estável ao país e aos seus vizinhos.

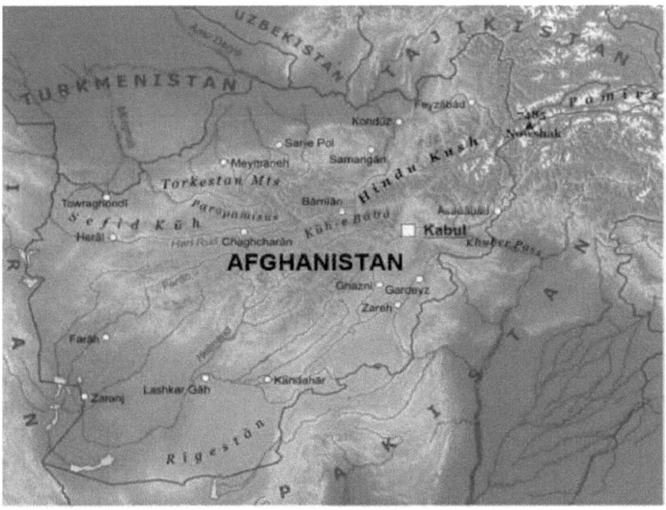

Figura 1. Mapa do Afeganistão e rios transfronteiriços

[VI] Shojaudin, Ziaie, República Islâmica do Afeganistão, Ministério da Energia e da Água, "Water sector strategy for Afghanistan, National Development strategy", 15 de março de 2007, p-9

[VII] King, Matthwe, Sturtewagen, Benjamin, "Making the most of Afghanistan River Basins, opportunities for Regional cooperation". fevereiro de 2010, p-1.

[VIII] http://countrystudies.us/afghanistan/33.htm

[IX] http://www.stimson.org/spotlight/transboundary-water-sharing-iran-and-afghanistan/

HIDROLOGIA DAS BACIAS HIDROGRÁFICAS

O Afeganistão divide-se hidrograficamente em quatro grandes bacias hidrográficas: **Amu Darya, Harirud-Murghab, Helmand e a bacia do rio Cabul,** todas elas atravessando fronteiras internacionais[X XI]

Além disso, os recursos hídricos do Afeganistão estão distribuídos de forma desigual. A bacia do Amu Darya, incluindo as bacias de Harirud e Murghab e as zonas não drenadas, cobre cerca de 37% do território do Afeganistão, mas contém cerca de 60% do caudal de água. A bacia de Helmand cobre cerca de 49% do território e contém apenas 11% do caudal de água. A bacia do rio Cabul-Este, com uma área coberta de cerca de 12%, contém cerca de 26% do caudal de água.[11]

O Amu Darya é um dos mais longos rios da Ásia Central. Desagua no Mar de Aral e faz parte das fronteiras do Afeganistão com o Tajiquistão, o Uzbequistão e o Turquemenistão. Os recursos hídricos do Amu Darya são partilhados entre o Afeganistão e todos os Estados da Ásia Central que atravessam o rio,

O Harirud-Murghab representa cerca de 12% dos recursos hídricos do Afeganistão. Está centrado em Herat, uma região do Afeganistão intensamente irrigada. O rio atravessa o Irão, terminando no Turquemenistão, e serve de fronteira entre o Afeganistão e o Irão e ainda entre o Irão e o Turquemenistão.

A bacia do rio Helmand contém o mais longo rio afegão, que forma a fronteira afegã-iraniana ao longo de 55 quilómetros. A água da bacia do Helmand é utilizada principalmente para irrigação.

O rio Cabul atravessa o Afeganistão e o Paquistão e representa aproximadamente 26% dos recursos hídricos disponíveis no Afeganistão. Atualmente, não existe qualquer acordo entre o Afeganistão e o Paquistão sobre a distribuição dos recursos hídricos disponíveis no rio Cabul.[5]

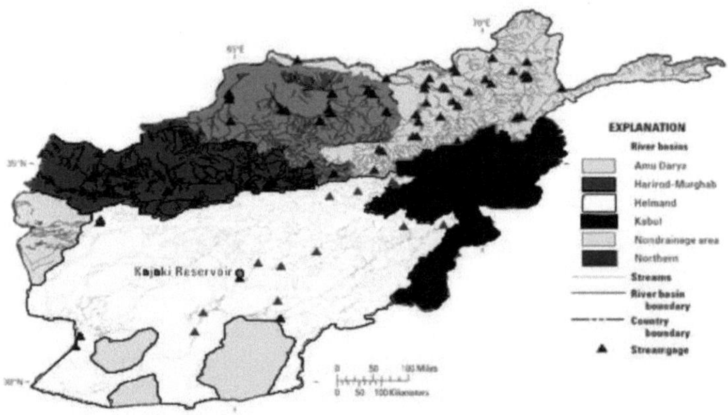

Figura 2. *Localizações das principais bacias de drenagem do Afeganistão, estações de medição de caudais reinstaladas e o reservatório de Kajaki, uma importante fonte de energia hidroelétrica e de*

X Laura Schroeder, Therese Ure "River Basin Organization and Governance in Afghanistan" O XVth Congresso Mundial da Água da Associação Internacional de Recursos Hídricos (IWRA) Edimburgo, Escócia, 25-29 de maio de 2015.

XI King, Matthwe, Sturtewagen, Benjamin, "Making the most of Afghanistan River Basins, opportunities for Regional cooperation". fevereiro de 2010, p-1

irrigação na bacia do rio Helmand. Crédito: Thomas J. Mack, USGS. [8].

Dificuldades no desenvolvimento dos recursos hídricos

O abastecimento de água potável e de água para irrigação é a prioridade do Afeganistão. Mas, à medida que o país se desenvolve, será necessário um abastecimento adicional de água para as actividades previstas de exploração mineira e de processamento de minerais, bem como para as empresas e comunidades associadas, que serão de importância vital para a futura estabilidade do Afeganistão. No entanto, existem algumas dificuldades, como se indica a seguir;

Após décadas de invasão e de guerra civil, o Afeganistão não dispunha da capacidade técnica, das infra-estruturas de comunicação e do equipamento moderno necessários para efetuar investigações hidrogeológicas eficazes dos seus recursos hídricos.

A dificuldade de obter um abastecimento seguro e fiável de água no Afeganistão é agravada pelo facto de a recolha de dados sobre os recursos hídricos ter sido suspensa por volta de 1980 devido aos conflitos civis e à invasão soviética. Subsequentemente, grande parte do conhecimento institucional relacionado com os recursos hídricos perdeu-se, a maior parte do equipamento de monitorização da água do país foi destruído e as capacidades dos cientistas afegãos da água estagnaram [8].

Desenvolvimentos recentes

Os desenvolvimentos recentes começaram a restabelecer as competências hidrológicas civis e conduziram à criação de redes locais e nacionais de monitorização das águas subterrâneas e de uma rede climática nacional, bem como de uma rede de medição do caudal e do nível de água das albufeiras.

Embora sejam necessárias mais melhorias, estes avanços devem ajudar os planeadores e gestores do Afeganistão a avaliar e monitorizar os recursos hídricos actuais e futuros.

Em 2004, os investigadores do Serviço Geológico dos EUA (USGS) chegaram à sede do Serviço Geológico do Afeganistão (AGS) em Cabul para iniciar uma colaboração de mais de uma década com os cientistas do AGS. Desde 2004, os esforços do USGS têm-se centrado principalmente no desenvolvimento de competências básicas. Por exemplo, os cientistas do USGS deram formação a cientistas e técnicos afegãos na utilização de técnicas informáticas modernas necessárias para a monitorização hidrológica e para a manutenção de grandes bases de dados [8].

Um dos primeiros projectos que os engenheiros do USGS e da AGS levaram a cabo foi a investigação dos recursos hídricos na Bacia de Cabul. Em 2010, os engenheiros da AGS, aplicando as lições aprendidas em Cabul, estabeleceram redes semelhantes de monitorização das águas subterrâneas nos principais centros populacionais

Entretanto, o trabalho de colaboração com o Comité Dinamarquês de Ajuda aos Refugiados Afegãos, uma ONG internacional, levou ao desenvolvimento de uma rede nacional de mais de 150 poços para monitorizar os níveis das águas subterrâneas. Administrada por engenheiros afegãos, esta primeira rede nacional de águas subterrâneas será vital para detetar e avaliar as tendências regionais dos futuros níveis e qualidade das águas subterrâneas.

No final da década de 1970, o Afeganistão dispunha de uma rede de medição do caudal dos cursos de água e do nível das albufeiras que funcionava e que consistia em 169 medidores de caudal distribuídos por todo o país. Esta rede funcionou até 1980, altura em que a maior parte dos medidores de caudal foram destruídos ou ficaram em mau estado. De 1980 até ao início da década de 2000, os registos originais de caudal do Afeganistão foram extraviados ou destruídos e os dados perderam-se.

De 2006 a 2010, os investigadores do USGS e do MEW trabalharam para recuperar os dados diários sobre o caudal do rio a partir de todos os documentos históricos que não tinham sido destruídos e que puderam ser localizados.

Em todo o país, cerca de 127 medidores históricos de cursos de água foram restabelecidos e equipados com equipamento moderno de 2008 a 2011, no âmbito de um programa do USGS e do Banco Mundial.

Em março de 2014, a Agência dos Estados Unidos para o Desenvolvimento Internacional ("USAID") contratou Laura A. Schroeder para realizar uma missão de consulta de três semanas numa zona de guerra ativa em Cabul, no Afeganistão. O objetivo desta missão era fornecer conhecimentos especializados em direito internacional da água para o desenvolvimento de um sistema descentralizado e sustentável de utilização da água, analisando os métodos actuais de governação do país nas suas várias bacias hidrográficas .[XII]

A missão centrou-se no ensino da formação em administração pública e governação para as agências locais e da bacia, bem como para os membros do Conselho do Secretariado Técnico para a Água. Através desta formação e ensino, o objetivo era fornecer instruções práticas sólidas ao pessoal sénior e técnico do Afeganistão para facilitar a compreensão das deficiências e desafios no sector da água e ajudar na implementação do código da água afegão.

Clima: O contexto dos recursos hídricos

O efeito das alterações climáticas é um fator crítico desconhecido no desenvolvimento dos recursos hídricos do Afeganistão. "Que Cabul fique sem ouro, mas não sem neve", implora um provérbio afegão. O Afeganistão depende da queda de neve no inverno nas montanhas para reabastecer os campos de neve e os glaciares que fornecem água aos seus rios e ribeiros perenes e efémeros. A redução da camada de neve e dos glaciares nas montanhas devido às alterações climáticas poderá ter um efeito profundo nos recursos hídricos do Afeganistão [8].

Em 2010, a avaliação do USGS e da AGS sobre os recursos hídricos da bacia de Cabul concluiu que cerca de metade dos poços de abastecimento de águas subterrâneas pouco profundas poderiam ficar secos ou inutilizáveis devido ao declínio dos caudais e da recarga dos cursos de água, de acordo com as alterações climáticas projectadas, até 2050.

Gestão da água e acordos transfronteiriços

O Afeganistão é o segundo maior contribuinte de recursos hídricos para o Amu Darya, a seguir ao Tajiquistão, pelo que existe uma necessidade óbvia de cooperação entre o Afeganistão e os Estados da Ásia Central. No entanto, os Estados da Ásia Central têm tido um envolvimento limitado com o Afeganistão, em parte devido às diferenças entre os próprios Estados da Ásia Central. (As divergências entre o Uzbequistão e o Tajiquistão são a razão pela qual um memorando de entendimento entre o Afeganistão e o Tajiquistão sobre a utilização transfronteiriça da água está pendente há anos).

Não foram assinados tratados bilaterais ou multilaterais sobre o Harirud e o Murghab .[XIII]

[XII] Laura Schroeder,Therese Ure **Organização e Governação da Bacia Hidrográfica no Afeganistão** O XV Congresso Mundial da Água da Associação Internacional de Recursos Hídricos (IWRA) Edimburgo, Escócia, 25-29 de maio de 2015.

[XIII] King, Matthwe, Sturtewagen, Benjamin, "Making the most of Afghanistan River Basins, opportunities for Regional cooperation". fevereiro de 2010, Nova Iorque-EUA

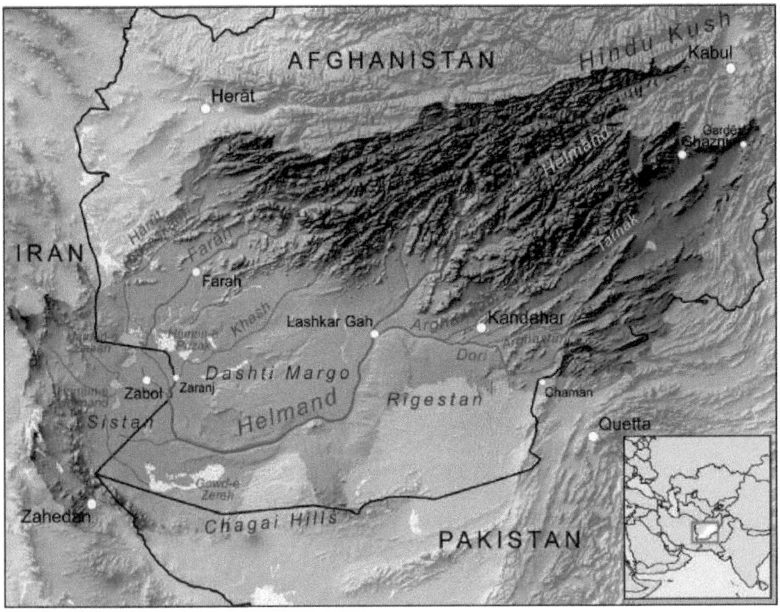

Figura 3. Bacia do rio Helmand

Historicamente, a cooperação e a confiança entre o Irão e o Afeganistão na questão da água têm sido limitadas. Com exceção de um acordo de água não vinculativo de 1973, que definia uma taxa aceitável de descarga do rio Helmand, não existem acordos formais de partilha de água. A confiança foi ainda mais afetada quando o acordo foi violado pelo Afeganistão durante a seca de 1998 e 2002. O desenvolvimento de mais infra-estruturas hídricas no Afeganistão, não limitadas por acordos, aumentará a vulnerabilidade do Irão .[XIV]

Hidropolítica do Afeganistão

O Afeganistão é o único país não interveniente na região, embora todos os seus rios sejam transfronteiriços. A relutância do Afeganistão na política hidrográfica deve-se, em parte, ao facto de ter uma posição negocial fraca em comparação com os seus vizinhos.

É evidente que, após três décadas de conflito, o Afeganistão tem uma grave falta de conhecimentos técnicos e de capacidade institucional em relação aos seus vizinhos e dispõe de dados hidrometeorológicos muito deficientes. Ao mesmo tempo, também é importante reconhecer que os países vizinhos do Afeganistão também não empreenderam quaisquer esforços sérios para incorporar o Afeganistão. Os quadros existentes para a cooperação regional em alguns dos recursos hídricos partilhados continuam a excluir o Afeganistão[XV] . Mas quando o Afeganistão conseguir começar a desenvolver recursos hídricos, o equilíbrio da estabilidade regional ficará ameaçado. Não existem quadros jurídicos bilaterais sobre os recursos hídricos partilhados, com exceção do tratado bilateral de 1973 entre o Afeganistão e o Irão sobre o rio Helmand,

[XIV] http://www.stimson.org/spotlight/transboundary-water-sharing-iran-and-afghanistan/
[XV] King, Matthwe, Sturtewagen Benjamin "Making the Most of Afghanistan's River Basins Opportunities for Regional Cooperation" Relatório do The EastWest Institute Nova Iorque - EUA

Figura 4. Bacias hidrográficas dos rios Marghab-Hari Rud, Cabul e Amu Darya

Acordos relativos à bacia do Amu Darya

O desenvolvimento da agricultura (em todos os Estados ribeirinhos) e da energia hidroelétrica (em especial no Tajiquistão e no Afeganistão) depende fortemente dos recursos hídricos do Amu Darya. Esta água é também crucial para a subsistência de 44 milhões de pessoas na bacia do Mar de Aral.

Desde 1873, o Afeganistão e os seus vizinhos do norte - a Rússia, a União Soviética e os Estados da Ásia Central - celebraram acordos relativos ao Amu Darya. Mas nunca foi estipulado qualquer esquema de partilha de recursos hídricos.

Os acordos mais significativos:

"Acordo fronteiriço entre o Afeganistão e a Rússia (1873); "

"Acordo de Fronteira entre o Afeganistão e a União das Repúblicas Socialistas Soviéticas (1946); e "

"Tratado entre o Governo da URSS e o Governo Real do Afeganistão relativo ao regime da fronteira entre a União Soviética e o Afeganistão (1958).

Em 1977, o Afeganistão enviou uma delegação a Tashkent e ao Uzbequistão para negociar um acordo de partilha de água. A União Soviética só podia oferecer 6.000 metros cúbicos por ano, o que era menos 3.000 metros cúbicos do que a procura afegã. O acordo não se concretizou[XVI]

Acordos relativos à bacia hidrográfica do rio Harirud-Murghab

A bacia hidrográfica do rio Harirud-Murghab representa cerca de 12 por cento dos recursos hídricos do Afeganistão e está centrada na área de Herat, intensamente irrigada. Nasce na região central de Hazarajat e corre para oeste, atravessando o nordeste do Irão, antes de se esgotar no Turquemenistão. Não foram assinados quaisquer tratados bilaterais ou multilaterais sobre o Harirud

---

[XVI] David W Rycroft e Kai Wegerich, "The three blind spots of Afghanistan: Water fow, irrigation development and the impact of climate change" (2009), p 3.

e o Murghab.

Alguns quadros regionais estabelecidos para a bacia do rio Amu Darya não abrangem diretamente a bacia do rio Harirud-Murghab. O Irão manifestou a sua disponibilidade para cooperar bilateral e trilateralmente com o Afeganistão e o Turquemenistão. No entanto, ainda não foram desenvolvidos quadros de cooperação bilaterais e/ou trilaterais. Além disso, o Irão e o Turquemenistão não consultaram o Afeganistão aquando da construção conjunta da barragem de Doosti no rio Harirud, o que aumentou as preocupações em Cabul .[XVII]

Em 2005, o Irão e o Turquemenistão construíram a barragem de Doosti, tendo cada país concordado com direitos iguais sobre o rio; no entanto, nenhum dos países consultou o Afeganistão antes de construir a barragem. O atual projeto de barragem, no valor de 200 milhões de dólares, para desviar a água do Irão para o Afeganistão, irá restringir seriamente o fluxo de água para o Irão .[XVIII]

Dado que o Afeganistão não foi consultado antes da construção da barragem de Doosti, os funcionários afegãos declaram que não tencionam negociar os direitos da água com o Irão antes da construção da nova barragem. Este projeto pode potencialmente causar um grande retrocesso nos grandes avanços em direção à paz que se verificaram entre estes dois países

Acordos sobre a bacia hidrográfica do rio Helmand

O rio Helmand é um rio especial em termos da hidropolítica do Afeganistão. É o mais longo dos rios do Afeganistão, partilhado entre o Afeganistão e o Irão e a única bacia hidrográfica em que o Afeganistão celebrou um acordo formal com um vizinho. O rio Helmand tem uma extensão aproximada de 1.300 quilómetros (800 milhas). Nasce na montanha Hindu Kush e atravessa o sudoeste, formando a fronteira afegã-iraniana ao longo de 55 quilómetros.

Os recursos hídricos da bacia do rio Helmand são amplamente utilizados para irrigação. A sua água é crucial para os agricultores afegãos e iranianos, tanto no Sistão como no Baluchistão. Por conseguinte, a implementação e expansão de vários projectos de infra-estruturas hídricas está a aumentar a tensão na bacia.

Em 7 de setembro de 1950, os governos afegão e iraniano assinaram um acordo que estabelecia a Comissão do Delta do Rio Helmand para elaborar métodos técnicos de partilha das águas do rio Helmand entre o Irão e o Afeganistão. A comissão deveria fornecer uma base de engenharia para um acordo mútuo sobre a repartição das águas do Helmand. O Irão e o Afeganistão não concordaram com o relatório da comissão de 1951. No entanto, o tratado bilateral sobre a repartição dos recursos hídricos do rio Helmand. O acordo atribui 26 metros cúbicos por segundo ao Irão a jusante. No entanto, o tratado nunca foi aplicado na íntegra e surgiram disputas sobre os termos da atribuição.

Devido ao golpe de Estado afegão de 1973, à revolução iraniana de 1978-79, à invasão soviética do Afeganistão em 1979 e à ascensão e queda dos Taliban, o tratado nunca foi totalmente aplicado e as disputas sobre os termos do acordo mantiveram-se[XIX] . A melhoria das relações entre Cabul e Teerão, na sequência da expulsão dos Taliban, ainda não conduziu a uma solução. No entanto, os comissários afegãos e iranianos do rio Helmand reúnem-se atualmente numa base trimestral para

---

XVII King, Matthwe, Sturtewagen Benjamin "Making the Most of Afghanistan's River Basins Opportunities for Regional Cooperation" Relatório do The EastWest Institute Nova Iorque - EUA
XVIII Ibid.
XIX ibid

promover a cooperação bilateral e a formação de subcomissões para a dragagem e o controlo alimentar no Helmand. Além disso, o Irão e o Afeganistão desenvolveram esforços construtivos no lago Hamun. Desde 2003, têm trabalhado em estreita cooperação com o Programa das Nações Unidas para o Ambiente (PNUA), o Programa das Nações Unidas para o Desenvolvimento e o Fundo Mundial para o Ambiente (GEF) através de um processo de sessões trilaterais entre o Afeganistão, o Irão e o PNUA.

Como utilizador a jusante dos recursos hídricos do rio Helmand, o Irão tem um interesse óbvio em cooperar com o Afeganistão. A atual assistência técnica iraniana à construção de um instituto de investigação no Ministério da Energia e dos Recursos Hídricos afegão pode servir de exemplo para o reforço da partilha regional de dados e informações.[XX]

Acordos Cabul-Bacia Oriental

O rio Cabul corre no leste do Afeganistão e no noroeste do Paquistão. Tem aproximadamente 700 quilómetros de comprimento, dos quais 560 quilómetros atravessam o Afeganistão e passam para o Paquistão. Junta-se ao rio Indo

Os recursos hídricos do rio Cabul são essencialmente partilhados entre o Afeganistão e o Paquistão. Apesar das repetidas tentativas de ambas as partes para chegarem a um acordo sobre o rio Cabul, tal acordo não se concretizou.

O comité técnico criado em 2003 afirmou que os seus esforços falharam porque não recebeu das autoridades afegãs dados suficientes sobre o caudal do rio.

Atualmente, não existe um quadro institucionalizado de cooperação na bacia do rio Cabul. À margem da reunião de março de 2009 da Organização para a Cooperação Económica, os líderes do Afeganistão e do Tajiquistão concordaram em acelerar a implementação de projectos sobre a relação água-energia. Não foram assumidos compromissos conjuntos de natureza semelhante entre o Afeganistão e o Paquistão.

Segurança da região e da água

Claramente, a segurança e o desenvolvimento tornaram-se os elementos-chave das relações internacionais contemporâneas, sendo a água uma base essencial para a segurança e a força motriz do desenvolvimento.

Os Estados da Ásia Central estabeleceram uma série de instituições e acordos regionais com a intenção expressa de repartir as águas da bacia do Mar de Aral e de proteger o Mar de Aral. Nos anos seguintes, foram criadas várias instituições.

No entanto, o Afeganistão não tem sido membro de nenhuma das organizações regionais relacionadas com a gestão da água. Por outro lado, não há provas de que os Estados da Ásia Central ou as massas de água estabelecidas tenham alguma vez considerado a possibilidade de incluir o Afeganistão. Não existe qualquer exclusão textual do facto de o Afeganistão ser um Estado da bacia do Mar de Aral ou um contribuinte para as águas do Amu Darya.

Do mesmo modo, num relatório que regista os primeiros dez anos do IFAS, o Afeganistão foi apenas mencionado como um problema potencial. O relatório afirmava que as futuras necessidades de água do Afeganistão constituem uma "grande incerteza" para os outros países ribeirinhos [1]. Uma

[XX] Ziaie, "Water Setor Strategy; MEW Water Setor Strategy (2008), p 28

mesa redonda posterior ICWC-IFAS observou que havia necessidade de "acções concertadas para desenvolver o sistema de gestão da água na região, devido ao desenvolvimento de novas terras irrigáveis no Afeganistão" (ICWC, 2005).

Em nenhum dos casos o IFAS ou os Estados membros sugeriram que a adesão do Afeganistão era uma forma de resolver estas "incertezas". Também não foram alcançados acordos bilaterais entre o Afeganistão e os países da Ásia Central. De facto, o único acordo transfronteiriço sobre a água que o governo de Karzai tem com qualquer um dos seus vizinhos é com o Irão sobre o rio Helmand (Hirmand) (Governo da República Islâmica do Afeganistão, 2007). O único país da Ásia Central que parece interessado num diálogo sério com o Afeganistão é o Tajiquistão. [5].

Por outras palavras, o projeto de desenvolvimento hídrico e a política hídrica do Afeganistão desempenharão um papel muito importante na segurança regional

Condições actuais e futuro da região

Considerando a última secção antes desta parte, não é difícil perceber que não existem mecanismos regionais de cooperação sobre a água no Sudoeste Asiático que envolvam o Afeganistão. Com exceção do tratado bilateral de 1973 entre o Afeganistão e o Irão sobre o rio Helmand, não existem quadros jurídicos bilaterais sobre recursos hídricos partilhados, muito menos quadros regionais.

O diálogo entre o Irão e o Afeganistão sobre o rio Helmand é o mais desenvolvido. Além disso, os recentes acordos no âmbito do ECO, RECCA e outros fóruns poderão começar a servir de terreno fértil para a diplomacia bilateral e regional no domínio da água.

A cooperação regional exige vontade política, que, até à data, não se tem verificado. Vários processos existentes demonstraram o potencial de cooperação bilateral - se não regional - no domínio da água.

O Afeganistão não é um país dependente da água proveniente do estrangeiro, mas está atualmente muito dependente da ajuda externa para atingir os seus objectivos de desenvolvimento nacional. Desde 2001, o Afeganistao recebeu mais de 15 mil milhões de dólares em ajuda oficial ao desenvolvimento, sem incluir cerca de 50 mil milhões de dólares em despesas de segurança fora do orçamento.

O desenvolvimento dos recursos hídricos para a estabilização e o desenvolvimento do Afeganistão é, por conseguinte, imenso. Por esse motivo, muitos doadores estão a dar uma atenção considerável ao desenvolvimento do sector da água no Afeganistão. Mas o início deste desenvolvimento estará diretamente relacionado com a hidropolítica do Afeganistão para melhorar a cooperação.

Conclusões

A água é mais importante para o Afeganistão do que qualquer mineral ou outros recursos naturais. O crescimento da população, a expansão urbana, a agricultura mais intensiva e as operações mineiras em perspetiva exigirão mais água, que está sujeita aos efeitos das alterações climáticas.

Uma compreensão abrangente dos recursos hídricos mais transfronteiriços do Afeganistão por parte dos seus cientistas, engenheiros, líderes políticos e cidadãos é vital para o futuro desta nação em dificuldades.

A relutância do Afeganistão em participar nos diálogos regionais sobre a água deve ser atribuída, entre outras preocupações, à limitada capacidade hidrometeorológica do país, à falta de recursos humanos devidamente qualificados (com sólidos conhecimentos de direito internacional e capacidade de negociação em fóruns internacionais) e a um défice de conhecimento de cerca de trinta anos de dados hidrológicos devido à guerra.

Por conseguinte, estão atualmente afastados dos acordos de cooperação regional no domínio da água, receando perder nos fóruns bilaterais.

A aquisição e o intercâmbio de dados poderiam ser um primeiro passo vital para a melhoria da cooperação com os Estados ribeirinhos. O desenvolvimento da cooperação nos aspectos não políticos e técnicos da água é o ponto de partida mais promissor para um eventual quadro de cooperação bilateral ou regional. A partilha de informações e o desenvolvimento de capacidades técnicas contribuiriam para a criação de confiança regional e lançariam as bases para a cooperação regional também noutras questões políticas.

Existe um interesse sem precedentes da comunidade internacional pelo desenvolvimento do Afeganistão, incluindo pacotes de ajuda consideráveis para o sector da água.

Os esforços da comunidade internacional num contexto regional, em vez de num contexto meramente nacional, seriam mais importantes para o desenvolvimento da água no Afeganistão. A comunidade internacional deveria olhar para além das realidades meramente nacionais e incorporar estratégias regionais no domínio da água nas agendas políticas e de desenvolvimento

O país precisa de investir urgentemente no desenvolvimento de capacidades e na recolha de dados, um domínio em que a comunidade internacional tem muito a contribuir.

Programas como os fornecidos pela USAID, que desenvolvem a administração e a governação dos recursos hídricos, fornecem formação e apoio àqueles que poderão ser capazes de negociar acordos internacionais sobre a água que farão a diferença na estabilização da região.

Capítulo 7
O ISIS virou a "hidro-política do Médio Oriente" de pernas para o ar

Resumo
A "primavera Árabe" - uma onda de manifestações pró-democracia que começou na Tunísia em finais de 2010 e se estendeu à Líbia e ao Egito - chegou finalmente à Síria no início de março de 2011. A agitação resultou de uma combinação de problemas socioeconómicos e políticos que se vinham acumulando há anos e que afectam especialmente a grande população rural da Síria. Um dos factores que precedeu o fracasso do Estado-nação sírio e a ascensão do ISIS foi considerado o efeito das alterações climáticas e da mega-seca que afectou a região.

No entanto, quatro anos após o início do conflito, este degenerou numa guerra civil com mais de 200.000 mortos e cerca de 4 milhões de refugiados registados. Na maior parte das avaliações da guerra civil síria e do seu futuro, a análise mais negligenciada é a seguinte Como os recursos hídricos afectarão a guerra civil em curso e como a mudança da situação afectará as relações hidropolíticas entre os países após a guerra.

É necessária uma reflexão muito mais sustentada e ponderada sobre o futuro da Síria e sobre a forma como o país será governado democraticamente. Existem pelo menos sete cenários para o futuro do país, desde a vitória de Assad a um impasse, à desagregação do país, a um conflito regional, ao caos, etc. Em pormenor, a autonomia de algumas regiões, um parlamento confederal, federal, independente ou bicameral e estruturas provinciais altamente descentralizadas, qualquer que seja o tipo de novo sistema sírio, haverá questões transfronteiriças relacionadas com a água que serão mais conflituosas e, de certa forma, diferentes do que eram antes.

O ISIS tem sido o ator mais importante e poderoso da guerra civil. Desempenhou um papel muito importante na mudança da região até à data. Se o atual sistema político da Síria for alterado ou fragmentado após a guerra civil, o que é provável, podemos facilmente dizer que o ISIS virou a "Hidropolítica do Médio Oriente" de pernas para o ar. Mesmo que não seja bem conhecida neste momento, esta mudança afectará o futuro da estabilidade regional com os efeitos das alterações climáticas num futuro próximo.

Introdução
A guerra civil na Síria tornou-se um dos acontecimentos mais sangrentos e geopoliticamente importantes da primavera Árabe. Embora a guerra se tenha tornado, em muitos aspectos, uma batalha sectária xiita-sunita, existe na Síria um terceiro grupo religioso que tem desempenhado um papel fundamental na história do país: os alauítas.

A guerra civil na Síria está a entrar numa situação muito interessante nos próximos meses. Apesar de parecer muito difícil chegar a um acordo entre as partes, o futuro da Síria e o futuro de Al Assad poderão estar a ser discutidos entre as partes externas.

Ao longo da guerra civil síria, tem havido muita especulação sobre qual seria o plano final do regime de Assad. Neste contexto, surgiu a noção de estabelecer algo na linha do "Estado Alawita" que existia sob o mandato francês da Síria. Um hipotético Estado alauíta estaria baseado ao longo da costa noroeste do Mediterrâneo, incluindo a terra natal tradicional das montanhas rurais. Além disso, incluiria as cidades portuárias de Latakia, cuja população é ainda predominantemente sunita, e Tartous, que são activos económicos vitais[20].

A região alauíta tornou-se parte da Síria na sequência do famoso acordo secreto Sykes-Picot de 1916 entre a França e a Grã-Bretanha. Foi colocada sob o mandato francês após o fim da Primeira Guerra Mundial.

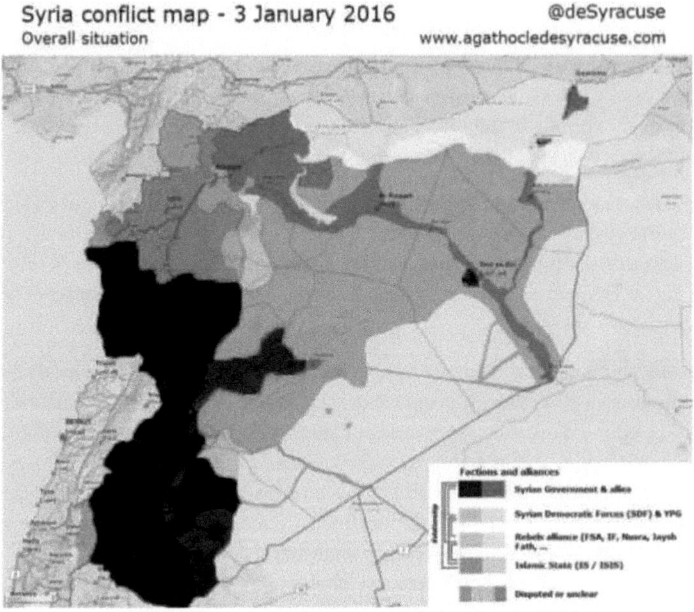

Figura 1. Situação no Iraque em 3 de janeiro de 2016

A cooperação dos alauítas com as autoridades francesas culminou em 1 de julho de 1922, quando o território alauíta se tornou um Estado independente. Esta independência não durou muito tempo. Embora Latakia tenha perdido o seu estatuto de autonomia em dezembro de 1936, a província continuou a beneficiar de um "regime administrativo e financeiro especial". Quando a guerra rebentou, em 1939, uma nova geração de alauítas mostrou-se mais flexível na cooperação com os nacionalistas sírios, na sua maioria elites urbanas sunitas.

Depois da guerra, a Síria obteve a independência em 1946, mas entrou num período de instabilidade política, de agitação e de experimentação de ligações pan-árabes ao Egito. Quando reconheceram que o seu futuro estava na Síria independente, os alauítas começaram a desempenhar um papel ativo em duas instituições fundamentais: as forças armadas e os partidos políticos. Cerca de 15% dos sírios são alauítas, tal como Assad.

Potencial de fragmentação

Há ainda muitas incertezas para fazer uma projeção sólida sobre o futuro da região. Por exemplo, o sucesso dos alauítas que querem garantir um enclave ou Estado alauíta autónomo depende em grande medida da divisão dos rebeldes após a queda de Assad.

Um professor sírio afirma que o Irão espera fragmentar a Síria e criar um Estado alauíta para manter o poder na região. O professor sírio Murhaf Jouejati, membro do corpo docente da Universidade de Defesa Nacional em Washington D.C., afirmou que[23].

"Antes não falávamos da fragmentação do país", disse Jouejati. "No entanto, o debate sobre a fragmentação da Síria é mais sério do que nunca, porque a crise no país se tornou mais sectária.

"Nós, sírios, somos contra a divisão do país que poderia levar à criação de um Estado alauíta".

As pressões são numerosas, incluindo as divisões sociais entre os sunitas (urbanas, tribais, etc.), as divisões ideológicas e as lutas pessoais pelo poder entre os batalhões rebeldes, as deslocações internas devidas às alterações climáticas e à guerra civil e a questão da autonomia curda.

As alterações climáticas acima referidas não afectarão apenas as divisões entre sunitas, mas também os recursos hídricos, na sua maioria transfronteiriços e em conflito. Estas águas transfronteiriças afectadas pelas alterações climáticas serão um dos mais importantes actores que moldarão o futuro da Síria e da região. Isto significa igualmente que a hidropolítica regional afectará os novos estabelecimentos na região e será drasticamente afetada pela nova configuração do sistema político sírio.

Potencial hídrico na Síria

Hidrologia

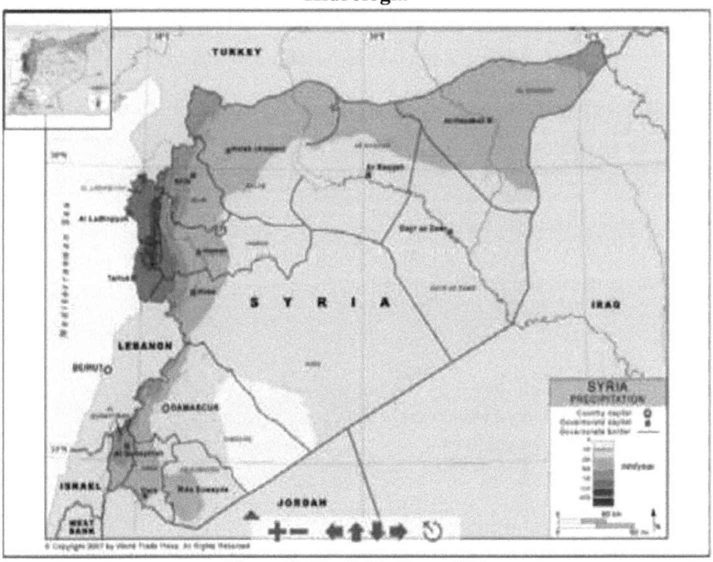

Figura 2. Precipitação na Síria

A Síria, com uma área de cerca de 185.180 km e uma população total de 21,13 milhões de habitantes, tem cinco zonas agro- 2 10 ecológicas, dependendo da precipitação. As zonas húmidas estão localizadas a oeste, ao longo da costa mediterrânica (Fig. 1). As zonas áridas e semiáridas estão localizadas a leste, norte e sul. Existe uma grande variação sazonal na disponibilidade de recursos hídricos.

A precipitação anual na Síria diminui de cerca de 900 mm na costa para cerca de 60 mm nas zonas orientais (Fig.2). Mais de 60% do país recebe menos de 250 mm/ano, o que torna o país escasso em água. A água é fornecida a cerca de 1300 mm/ano nas zonas ocidentais e atinge 3000 mm/ano nas zonas orientais e no sul da Síria. Os recursos hídricos renováveis e disponíveis foram estimados utilizando todos os dados disponíveis publicamente sobre as águas superficiais e subterrâneas[4]. A figura 2 mostra que a parte mais chuvosa do país está agora sob controlo governamental.

Águas de superfície

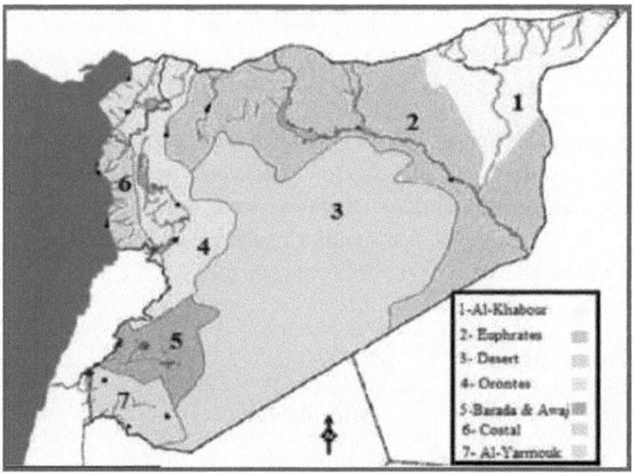

Figura 3. Bacias hidrográficas na Síria

A Síria pode ser dividida em sete bacias hidrográficas principais: Khabour, Barada e Awaj, Al-Yarmouk, Orontes, Dajleh e Eufrates e Aleppo, Deserto e Bacia Costeira, cada uma com as suas próprias caraterísticas geológicas, meteorológicas, hidrológicas e demográficas (Fig. 3).

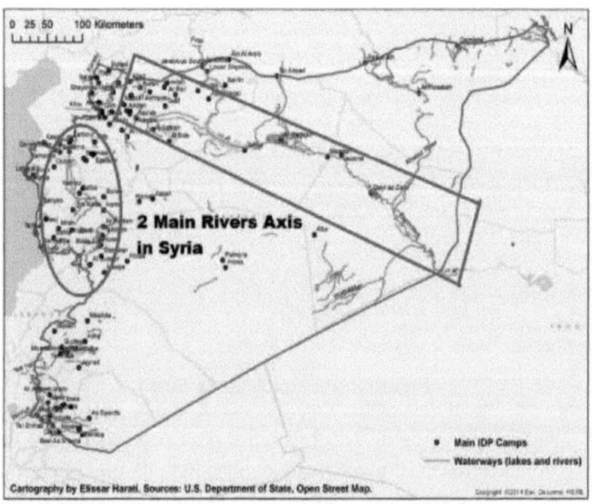

Figura 4. Principais sistemas fluviais na Síria

Em relação a estas bacias, a Síria tem 21 rios principais, 12 dos quais são partilhados com outros países da região e alguns deles são atualmente cursos de água sazonais[4].

Mas os principais sistemas fluviais da Síria podem ser considerados como o Eufrates, o Khabur e o Orontes, como mostra a Fig. 4. A distribuição das terras agrícolas pode ser vista na Fig. 5.

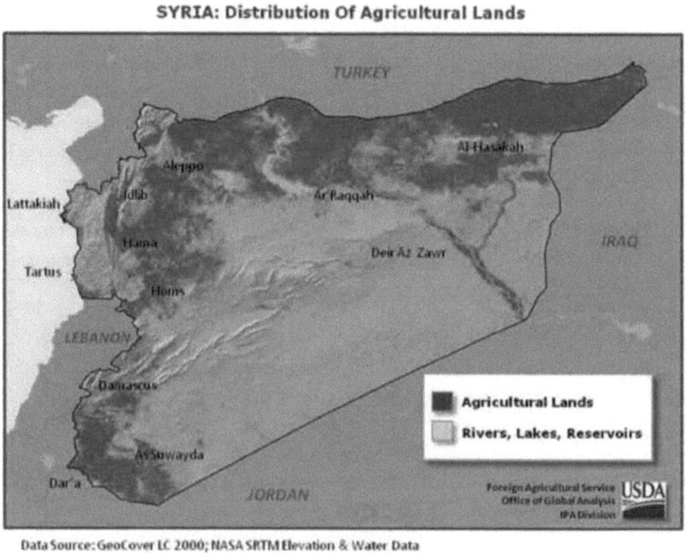

Figura 5. Distribuição das terras agrícolas na Síria .

A Síria celebrou tratados com os seus vizinhos, o Líbano, a Jordânia, o Iraque e a Turquia, para facilitar a gestão dos recursos hídricos partilhados na região. No caso do rio Eufrates, partilhado entre a Turquia, a Síria e o Iraque, a Turquia concordou em libertar pelo menos 500 m^3 /s para a Síria. A Síria utilizará apenas 42%, enquanto o restante será libertado para o Iraque [4]. O primeiro, em 1994, dizia respeito ao rio Orontes. O acordo estabelece que o Líbano pode utilizar uma quantidade anual de 80 MCM durante os anos em que o caudal médio do rio é superior ou igual a 400 MCM/ano e, nos restantes anos, 20%.

O segundo acordo, de 2002, dizia respeito ao rio Al-Kabir Al-Janubi, com um caudal médio anual de 150 MCM. O acordo dividiu a água em 60% para a Síria e 40% para o Líbano, independentemente das circunstâncias hidrológicas[5]. A quantidade total anual que entra na Síria, de acordo com estes acordos, pode assim ser considerada como 320 + 90 = 410 MCM.

Águas subterrâneas

O MdI estimou o caudal médio anual das nascentes em cerca de 1350 MCM e a quantidade total anual de água subterrânea renovável em cerca de 4811 MCM, o que inclui quase todas as nascentes e os testamentos legais. Por outro lado, no que respeita ao fluxo de águas subterrâneas, cerca de 1200 e 130 MCM entram anualmente na Síria a partir da Turquia e do Líbano, respetivamente. No entanto, cerca de 90 e 250 MCM saem anualmente da Síria para a Jordânia e as Terras Ocupadas, respetivamente[6].

A guerra civil e o seu desenvolvimento

Quando olhamos para a guerra civil e para a sua evolução na Síria e no Iraque, podemos ver que a estabilidade regional levará tempo. Mas quando o atual caos e a guerra civil se instalarem, é muito provável que vejamos um novo mapa político da região, que pode ser chamado de Novo Médio Oriente. Neste caso, o principal e hábil "nome do ator internacional" deste "progresso" é "ISIS".

O ISIS foi formado em abril de 2013, a partir da Al-Qaeda no Iraque (AQI), tendo sido entretanto renegado pela Al-Qaeda, mas tornou-se um dos principais grupos jihadistas que combatem as forças governamentais na Síria e no Iraque.Peter Neumann, do King's College de Londres, estima que cerca de 80% dos combatentes ocidentais na Síria se juntaram ao grupo. O EI afirma ter combatentes do Reino Unido, França, Alemanha e outros países europeus, bem como dos EUA, do mundo árabe e do Cáucaso.

Ao contrário de outros grupos rebeldes na Síria, o EI é visto como estando a trabalhar para um emirado islâmico que atravessa a Síria e o Iraque. Em março de 2013, tomou a cidade síria de Raqqa - a primeira capital de província a cair sob o controlo dos rebeldes[19].

O grupo ganhou a reputação de governar de forma brutal as áreas que controla. No entanto, foi a sua conquista de Mossul e da barragem de Mossul, em junho de 2014, ameaçando inundações com morte e destruição, que provocou ondas de choque em todo o mundo.

Qual é o território controlado pelo EI?

Em setembro de 2014, o diretor do Centro Nacional de Contraterrorismo dos EUA afirmou que o EI controlava grande parte da bacia do rio Tigre-Eufrates - uma área semelhante em tamanho ao Reino Unido. Sete meses mais tarde, os militares norte-americanos declararam que o EI tinha perdido cerca de um quarto do seu território no Iraque, mas que a sua área de influência na Síria permanecia praticamente inalterada, com perdas em algumas áreas compensadas por ganhos noutras.

Têm liberdade de movimentos nas áreas em grande parte desabitadas fora daquilo a que o Instituto para o Estudo da Guerra chama "zonas de controlo", mas teriam dificuldade em defendê-las.

Da mesma forma, não é totalmente claro quantas pessoas vivem sob controlo total ou parcial do EI na Síria e no Iraque. Em março de 2015, o presidente do Comité Internacional da Cruz Vermelha estimava em mais de 10 milhões.

As conquistas territoriais deste verão pelo Estado Islâmico no Iraque e na Síria (ISIS) em ambos os países mostraram que um novo mapa político do Médio Oriente está a tornar-se realidade, mesmo que alguns especialistas tenham uma ideia oposta. Os bombardeamentos americanos ajudaram a fazer recuar alguns dos seus recentes ganhos no norte do Iraque, mas ninguém afirma que o ISIS tenha sido derrotado.

Instabilidade regional causada pelo ISIS

O ISIS pode ser visto como uma consequência do novo mapa do Médio Oriente. A causa principal desta crise regional é a incapacidade das autoridades estatais de controlarem as suas fronteiras e os seus territórios, de prestarem serviços às suas populações e, em última análise, de forjarem uma identidade política comum que possa ser a base da comunidade política.

Este colapso da autoridade estatal normal não ocorreu apenas em grandes áreas da Síria e do Iraque; está também a ocorrer no Líbano, no Iémen, na Líbia e talvez mesmo em partes do Egito. Na ausência de controlo por parte do governo central, surgem forças locais, baseadas em identidades sectárias, étnicas, tribais e regionais, para preencher a lacuna. O Governo Regional Curdo no Iraque, o Hezbollah no Líbano, o movimento Huthi no Iémen e as várias milícias sectárias na Síria e no Iraque são, nas suas diferentes formas, manifestações semelhantes do fracasso da governação centralizada nestes países.

Alguns especialistas afirmam que o ISIS é extremamente bem organizado e disciplinado. Um dos seus grandes trunfos a nível de propaganda é o facto de não ser cliente de uma potência estrangeira [19].

Como o ISIS virou a "Hidropolítica do Médio Oriente" de pernas para o ar?

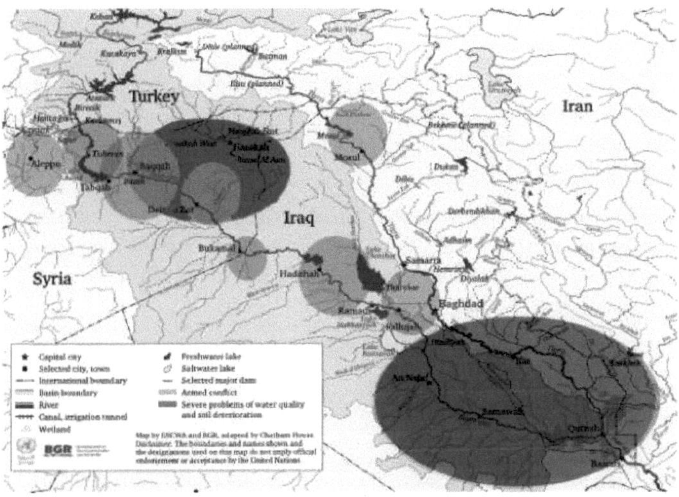

Source: UN-ESCWA and BGR (2013), *Inventory of Shared Water Resources in Western Asia*, Beirut.

Figura 6. Terras de atividade e controlo do ISIS na bacia dos rios Eufrates e Tigre.

Os combatentes do ISIS lançaram uma grande quantidade de território sírio, como mostra a Fig.1, em 28 de julho de 2015. Como se pode ver na figura, o território sob controlo do governo está rodeado na parte ocidental do país. O ISIS tem vindo a controlar a maior parte da bacia dos rios Eufrates e Tigre, como mostra a Fig. 6.

Como Fred Pearce indicou no seu artigo (24)" *Os conflitos sobre a água há muito que assombram o Médio Oriente. No entanto, nos actuais combates no Iraque, as grandes barragens nos rios Tigre e Eufrates são vistas não só como alvos estratégicos mas também como poderosas armas de guerra".*

Novo Médio Oriente

Será possível a criação de um Estado alauíta?

Não é fácil dizer que sim. Se reduzir o apoio da Rússia e do Irão, Assad pode perder Damasco. Al Assad, que destruiu a guerra civil em 2011, começou a criar um Estado alauíta na costa mediterrânica. E foi feito um grande reforço humanitário e militar na região. De facto, como mostra a Fig. 1. Esta terra já foi um estado Alawi em termos da maioria da população étnica.

Se o Exército Livre da Síria conquistar Damasco, os sunitas seculares e alguns cristãos poderão vir para esta região e alguns deles poderão emigrar para o Líbano.

Se a Rússia e o Irão não derem o apoio essencial a Assad para manter Damasco, darão um enorme apoio para manter Nusayris. A Rússia, por causa do Mar Mediterrâneo, e Teerão, por causa da ligação contínua com o Hezbollah, querem manter a região nas mãos de Assad.

Alguns especialistas afirmam que "Assad está a garantir o futuro Estado alauíta com uma milícia de 60.000 homens". As Unidades de Defesa Popular foram criadas não só na faixa mediterrânica, mas também noutras regiões. Essas unidades não são constituídas apenas por alauítas. As unidades são dominadas por sunitas nas zonas sunitas e por alauítas nas zonas alauítas. Em Damasco e Hama, por exemplo, a sua maioria é sunita. Em Latakia e Tarsus, a maioria é sunita e vice-versa. Os jovens assumiram funções nos postos de controlo das suas cidades de origem. Os de Damasco são mais profissionais e participam nas operações militares ao lado do exército [1].

A questão mais crítica neste domínio é a seguinte: ***Os alauítas querem um Estado alauíta?*** Um alauíta da região deu esta resposta [22]:

- Os alauítas de Latakia, Tartus e Banias são absolutamente contra o facto de viverem sozinhos. Os alauítas que fugiram de Alepo para Latakia recordam os seus vizinhos sunitas com gratidão. Mas se os salafistas jihadistas chegarem ao poder, os alauítas e os cristãos retirar-se-ão para a costa como último recurso.

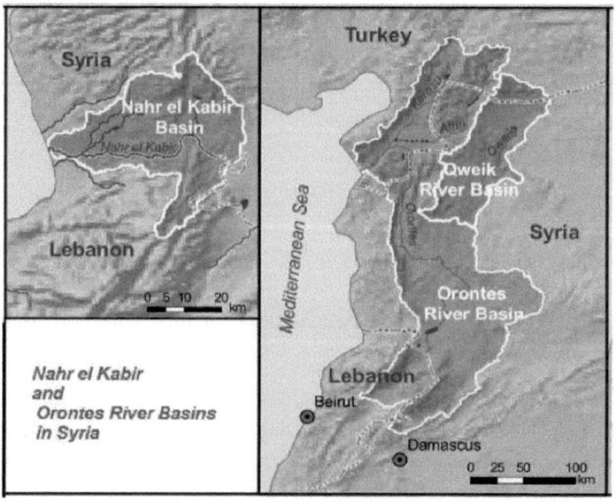

Figura 7. Bacias hidrográficas no território maioritariamente controlado por forças governamentais[25].

De facto, o maior receio dos alauítas é que possam ser completamente expurgados. É óbvio que não podemos compreender a guerra civil que está a decorrer na Síria sem compreender a comunidade alauíta, que se tornou o bloco de poder mais importante na Síria depois da década de 1970.

O mapa da situação atual e a evolução da guerra civil mostram-nos que o antigo regime sírio só pode renascer nas costas mediterrânicas orientais do país, que têm chuvas, rios e terras agrícolas suficientes (Fig. 5, Fig. 7).

A guerra teve pouco impacto na vida em Latakia e Tartus. Apesar do controlo apertado, a vida quotidiana continua vibrante e os cafés estão cheios à noite. Os corpos de mais de 20.000 pessoas chegaram à região, mas é assim que as coisas estão no terreno

E agora?

Mas a questão mais importante é a seguinte: "E agora? Parece que, se não se chegar a um acordo internacional forte, com a garantia da Rússia e do Irão, Al Assad não poderá ficar confortável neste estado durante muito tempo.

Os principais grupos da oposição lutarão por Damasco e, por essa razão, Assad será relaxado durante algum tempo. Por outro lado, a já frágil paz no Líbano, após as grandes vagas de imigração vindas da Síria, transforma-se completamente numa nova fase de guerra civil. Em resumo, com a guerra civil sírio-iraquiana, o Médio Oriente já se transformou numa situação de guerra civil regional.

o civil regional no Médio Oriente nesta nova fase pode alastrar-se nos próximos 10 anos para estruturalmente. o, Israel entrará num longo período de tempo para aliviar os riscos.

Se a Rússia e o Irão não apoiarem Assad, Assad será retirado de Damasco, a guerra termina assim? Mas, neste caso, a segunda fase da guerra começa na Síria.

De facto, os esforços para construir um Estado alauí serão sem dúvida apoiados por representantes iranianos e milícias alauítas, que teriam interesses no estabelecimento desse Estado. No entanto, uma retirada para um reduto alauí representaria um fracasso do regime, e Assad deixou claro que viverá ou morrerá em Damasco[3].

Muitos analistas têm argumentado que o regime sírio está a preparar o terreno para uma retirada para as montanhas costeiras da Síria, a pátria tradicional da seita Alawi do Presidente Bashar al-Assad, e que, mais cedo ou mais tarde, Assad abandonará Damasco pela costa[3,15].

Se um novo mapa do Médio Oriente se concretizar desta forma, isso mudará totalmente a hidropolítica da região.

Última situação e futuro

A situação em meados de 2015 mostra, grosso modo, quem controlava que partes da Síria. O governo dominava as zonas alauítas, xiitas, cristãs, drusas e sunitas mistas do oeste, enquanto os rebeldes detinham a maior parte do corredor ao longo do rio Eufrates e as zonas do sudoeste do país. Os curdos estão a defender o terreno no norte que já foi uma zona nesta área. Nesta altura, é muito provável que haja um impasse. Os dois lados não são suficientemente fortes para controlar a totalidade ou mesmo a maior parte do país. Se um dos lados obtiver ganhos significativos, é provável que o outro seja reforçado a partir do exterior[22].

Em fevereiro de 2015, os responsáveis da defesa e dos serviços secretos dos EUA avaliaram que o conflito estava "a tender para o favorecimento do regime de Asad", mas previram que as forças pró-Assad "continuariam a lutar e seriam incapazes de derrotar decisivamente a oposição em 2015". [17].

No entanto, em meados de 2015, os oficiais de defesa dos EUA reconheciam os ganhos subsequentes dos rebeldes, descrevendo as forças pró-Assad como "muito enfraquecidas" e discutindo a possibilidade de Asad ceder grandes áreas do país retirando as forças de algumas regiões.

Alguns observadores argumentaram que as perdas do regime nos confrontos com as forças do EI e com outras forças da oposição estão a criar uma pressão pública sobre o governo para melhorar o desempenho militar e a liderança ou para negociar.

O Presidente Obama afirmou em fevereiro de 2015 que, na sua opinião, "***a guerra civil síria só terminará quando houver uma transição política inclusiva e um governo que sirva os sírios de todas as etnias e religiões"***. A formulação sugere que o atual conflito pode persistir ou evoluir em resposta a qualquer acordo negociado que procure substituir o atual governo liderado por Asad por um governo de unidade nacional ou outra formulação inclusiva.

Mas o grande limiar aqui é a nova eleição da Presidência nos EUA. Se os democratas não continuarem no poder, as expectativas e projecções serão diferentes e a fórmula poderá mudar drasticamente.

O Rand Cooperation Report[18] afirma que "a guerra civil da Síria tem a ver com a questão de saber se Bashar al-Assad continuará a liderar o governo da Síria, mas a guerra reflecte cada vez mais as correntes sectárias mais amplas que dividem o país e a região. Esta é uma patologia central do conflito sírio. Esta patologia impedirá a sua resolução".

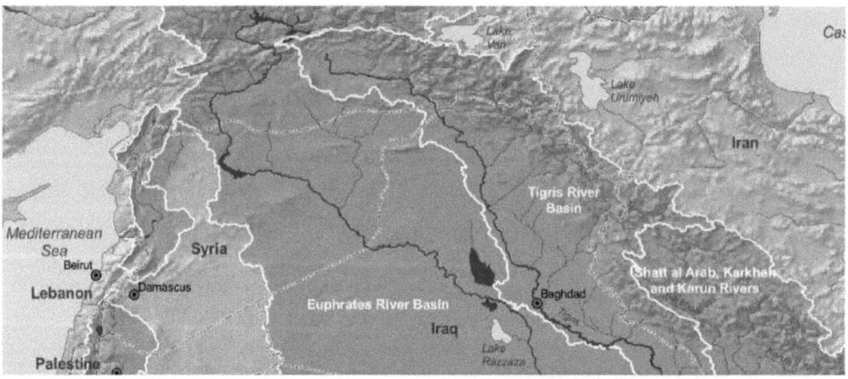

Figura 8. Mapa físico do Iraque e da Síria[25]

De acordo com o Al Monitor [22], os funcionários ocidentais encaram a equação da seguinte forma:

"A Rússia e o Irão estão a dar todo o apoio ao regime e Moscovo poderá aumentar o seu apoio após os acontecimentos na Ucrânia. Não há indicadores de que a política de Teerão vá mudar. O regime está a recuperar o controlo das zonas rurais de Damasco e a ligá-las à costa. Está também a aumentar o seu controlo sobre Damasco e a fechar os corredores de abastecimento a partir do Líbano. A oposição militar está dividida, a norte, entre moderados e islamistas, entre islamistas e jihadistas e entre as frentes norte e sul. A oposição política está a enfrentar desafios. A ameaça terrorista no norte da Síria está a aumentar, enquanto no sul é limitada e há indicadores de que está a expandir-se nos Montes Golã".

Conclusões

O conflito na Síria entra no seu quarto ano com um elevado grau de incerteza no que respeita às circunstâncias no terreno, aos resultados potenciais e às consequências a longo prazo, que exigem uma análise exaustiva e contínua em muitos aspectos.

O conflito parece ser uma luta existencial para todos os envolvidos, pelo que nem mesmo a queda de Assad porá fim à violência. A partir de 2015, mais de 4 milhões da população síria está a viver como refugiada, o que irá agravar as tensões sectárias existentes nos países vizinhos, o que é muito importante para as futuras relações internacionais.

A incerteza é inevitável na região e há muita coisa que não sabemos para podermos fazer uma previsão mais sólida. Mesmo que exista uma estratégia de coligação internacional a longo prazo para a região, não é certo o que irá acontecer a curto prazo. Podemos descrever a situação como uma situação motivada por acontecimentos. A situação mudou radicalmente nos últimos quatro anos e é provável que continue a mudar. Por conseguinte, a estabilidade a curto prazo será vital não só para os países, mas também para toda a região, incluindo o Mediterrâneo Oriental.

Mas, por outro lado, a instabilidade na Síria é uma plataforma que permite a todos os intervenientes terem a sua oportunidade de promover a sua agenda, pelo que não é fácil prever o futuro da Síria.

Alguns peritos afirmam que "o cenário mais provável é a continuação de um conflito armado que durará muitos anos". Mas, no final, o resultado poderá ser um poder único mais tradicional a governar a Síria, um híbrido do atual leque de intervenientes ou um conflito regional sem regras.

De acordo com alguns especialistas, o conflito na Síria pode facilmente durar mais uma década. Quanto mais tempo durar a guerra na Síria, maior será a probabilidade de o país se desmembrar.

Seja qual for o cenário, devemos estar conscientes de que a guerra civil já virou de pernas para o ar a "política do Iraque, da Síria e da região hidrográfica". Esta mudança será também efectiva para o futuro da região. A falta de relações internacionais entre os países ribeirinhos continua a afetar a região. Se o sistema político atualmente desintegrado for alterado, como uma federação, confederação ou Estados independentes na Síria, este novo Estado não só será influenciado pelos recursos hídricos existentes, como também alterará a hidropolítica da região. Por exemplo, se houver um Estado Alawi independente num território maioritariamente controlado pelo governo, este novo Estado será um país a montante com o seu único rio Orontes, o que é controverso em relação à situação síria a jusante no passado (Fig. 8).

Devemos estar conscientes de que o problema da Síria não é tão simples como a presença de Assad no poder; a remoção do seu regime não harmonizaria, por si só, os interesses incorporados na manta de retalhos de identidades étnicas e sectárias do país. A Síria pode ser única, mas os problemas de governação de um país multiétnico não são Uma reflexão muito mais sustentada e ponderada sobre o futuro da Síria e sobre a forma como o país será governado democraticamente é necessária. Mas, seja qual for o tipo de novo sistema sírio, confederal, federal, independente ou com um parlamento bicameral e estruturas provinciais altamente descentralizadas, haverá questões transfronteiriças de água que estão mais confusas do que antes.

Não há dúvida de que o aquecimento global e as alterações climáticas só irão agravar o problema da água no Médio Oriente. Estudos das Nações Unidas prevêem que, até 2025, mais sete Estados do Médio Oriente (Egito, Etiópia, Irão, Líbia, Marrocos, Omã e Síria) se juntarão aos 11 países que já sofrem de escassez de água (Argélia, Barém, Israel/Palestina, Jordânia, Kuwait, Qatar, Arábia Saudita, Somália, Tunísia, Emirados Árabes Unidos e Iémen).

Estas dinâmicas constituíram o pano de fundo para o aviso lançado, num passado não muito distante, pelo Secretário-Geral das Nações Unidas, Boutros Boutros-Ghali, segundo o qual as próximas guerras na região serão pela água.

A hidropolítica é motivo de grande preocupação para o futuro da região. Mas o cenário não precisa de ser tão terrível e sombrio. Dizem que "o desespero é, por vezes, um inspirador tão poderoso como o génio". De facto, a dependência colectiva de recursos hídricos escassos representa uma grande oportunidade para a região trabalhar coletivamente para o estabelecimento de um regime de cooperação regional, para começar, através de esquemas de cooperação sobre a regulação do uso da água, saneamento da água e gestão da água.

A água não é, por enquanto, uma questão prioritária na atual situação de guerra civil. A primeira coisa a fazer é pôr termo à guerra e evitar que a situação de guerra civil se agrave na região. Mas quando as ondas laterais da guerra civil diminuírem a curto ou longo prazo, a paz e a estabilidade sustentáveis da região dependerão sobretudo da nova hidropolítica.

Capítulo 8
Negócio do Mar Morto-Vermelho, O que é real?

Introdução

Em 9 de dezembro de 2013, foi assinado em Washington um acordo entre Israel, a Jordânia e a Autoridade Palestiniana para um projeto monumental de partilha de água que tem sido elogiado como um exemplo de pacificação e cooperação.

A Jordânia, cujas relações com Israel têm sido frias nos últimos tempos, assinou com os israelitas contratos de construção de condutas e infra-estruturas, bem como compromissos a longo prazo no domínio da água.

Os palestinianos também estão a ser incluídos como parceiros juniores. Um grande passo em frente para um diálogo construtivo e para a paz económica.

Mesmo que pareça ser um acordo simbólico entre países, pode ser considerado um passo positivo na atual situação do Médio Oriente. Mas devemos analisar o acordo em si para compreender a realidade. Devemos procurar os seus efeitos reais na pacificação e na cooperação na região. Porque nenhum país usa o seu homem do queijo sem pensar em dar mais dois passos no Grande Jogo do Queijo do Médio Oriente.

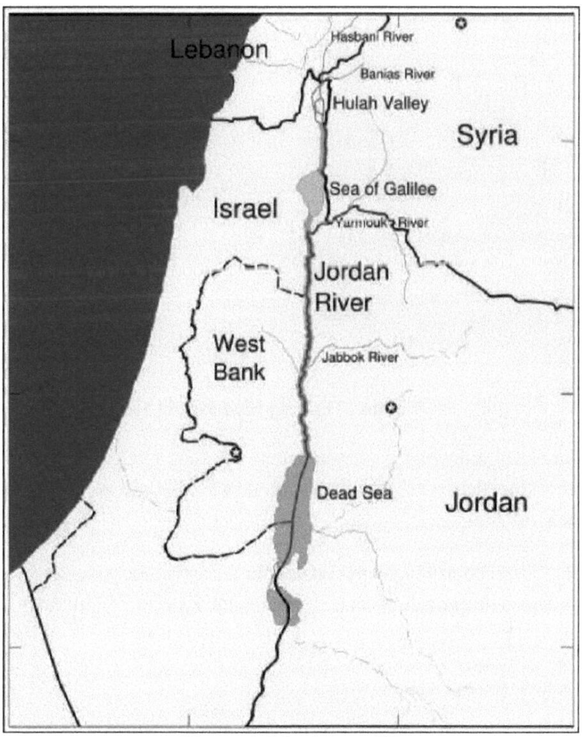

Figura 1. Mar Morto [5]

O que aconteceu ao Mar Morto

O rio Jordão, que atravessa o Kinneret, é o mesmo rio cujo esgotamento causou a diminuição drástica do nível do mar de Dea, quase um metro por ano.

Desaguando no Jordão a dez quilómetros a sul do lago de Tiberíades, o rio Yarmouk forneceu historicamente ao rio 400 milhões de metros cúbicos de água por ano[4]. O governo jordano desvia a água do Yarmouk para o canal King Abdullah . A Síria extrai água mais a montante e Israel também retira água. Assim, a descarga do Yarmouk no Jordão foi reduzida a quase nada. O único outro grande rio que corre para o Jordão, o Zarqa, está bloqueado pela barragem do Rei Talal, na Jordânia

Na década de 1950, cerca de 1,3 mil milhões de metros cúbicos de água por ano fluíam para o Mar Morto. Atualmente, o caudal desceu para 300 milhões de m^3 . O caudal do Jordão diminuiu 90% e o nível da superfície do Mar Morto desceu 25 metros desde a década de 1960[4].

Quais são os pormenores do negócio

As iniciativas de partilha de água inter-relacionadas podem ser vistas no acordo. A Jordânia vai construir uma central de dessalinização perto de Akaba. Os pormenores sobre a quantidade exacta de água que vai para onde não são claros mas, de acordo com os vários relatórios, serão canalizados cerca de 200 milhões de metros cúbicos do Mar Vermelho, dos quais cerca de 80 milhões serão dessalinizados e divididos entre Israel e a Jordânia. A revista Time afirma que "a maior parte desta água" irá para Israel, mas, na realidade, parece que apenas 60% da mesma será canalizada.

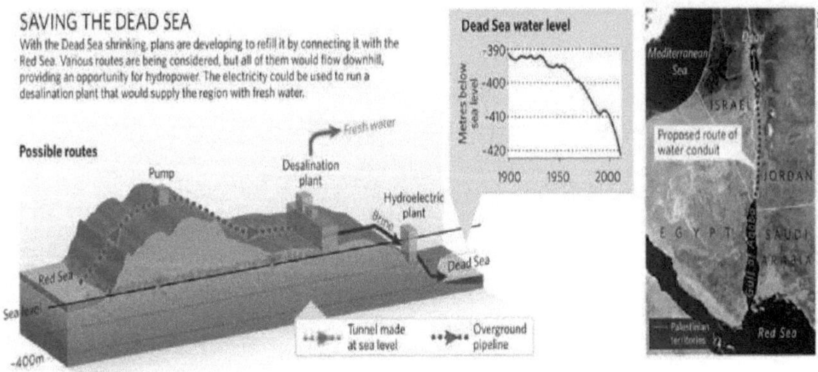

Figura 2. Projeto Med-Dead [5]

Entretanto, Israel vai aumentar o abastecimento de água que fornece à Jordânia a partir do Kinneret de 50 milhões de metros cúbicos para mais de 80 milhões (ou 100 milhões, a acreditar na reportagem da Time).

Os palestinianos, cuja única contribuição para o acordo foi a assinatura do mesmo, recebem mais 20 milhões de metros cúbicos de água do Kinneret (atualmente recebem 52 milhões de m^3).

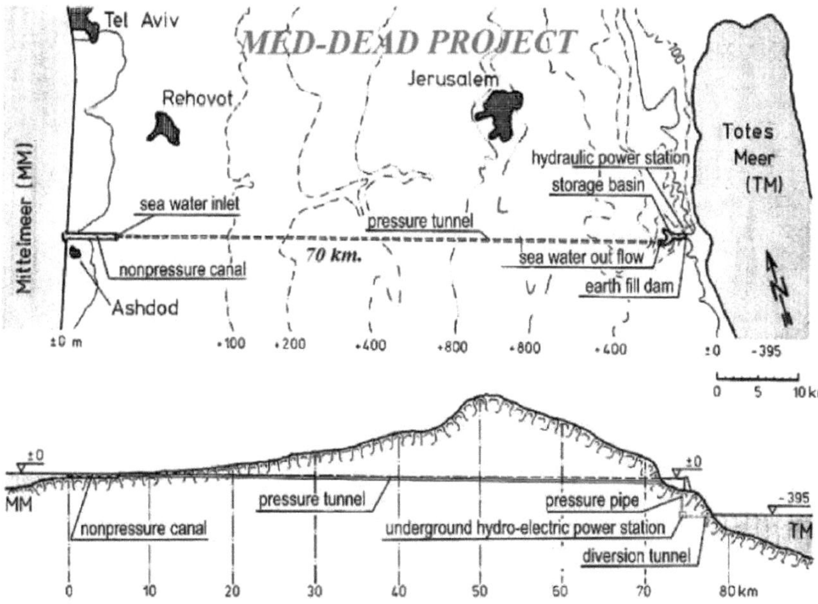

Figura 3. Projeto Med-Dead[6]

Israel podia construir uma central de dessalinização e um gasoduto para transportar 100 milhões de metros cúbicos de água para o Mar Morto. Havia um projeto de gasoduto Mediterrâneo - Mar Morto que Israel não tinha ajuda de nenhum país para executar. A ideia foi reavivada durante a década de 1980. A Mediterranean-Dead Sea Company estudou várias alternativas e recomendou um trajeto desde a Faixa de Gaza até Masada. No entanto, o projeto não teve início devido a dúvidas económicas e financeiras. A ideia foi retomada na década de 1990

Então, surge a questão de saber por que razão Israel está a ceder essa quantidade de água doce em troca de algo que poderia fazer por si próprio.

Deve haver alguma coisa que Israel esteja realmente a receber com este acordo. Poderá ser a assinatura palestiniana que, aparentemente, vale milhões de metros cúbicos de água para Israel.

Será uma solução sensata?

Não seria uma solução mais lógica simplesmente diminuir a quantidade de água atualmente retirada do Kinneret, reabilitar o Jordão e deixar a água fluir naturalmente para o Mar Morto? A verdade é que por detrás deste acordo está a típica visão paternalista internacional (cada vez mais adoptada também pelos israelitas) de que Israel tem sempre de ceder coisas para salvar outras[1].

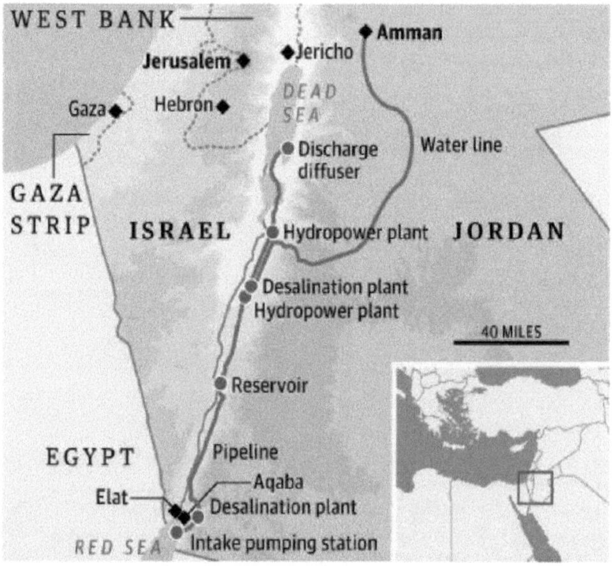

Figura 4. Projeto do Mar Morto [5]

O custo total do projeto é de cerca de 10 mil milhões de dólares. Quem vai financiar o custo total do projeto? A Jordânia, o Israel, ou a "comunidade internacional", aparentemente não a Jordânia.

O financiamento do projeto poderá vir do Banco Mundial e do apoio dos governos de Israel, da Alemanha e dos EUA.

Para salvar o Mar Morto há muito a fazer. Mas o mais importante deste acordo não é este. Este acordo pode ser uma espécie de esforço de criação de confiança entre os países ribeirinhos, pelo que pode ser considerado como um passo muito preliminar para a criação de confiança

Salvaria o Mar Morto?

A margem oriental do Mar Morto pertence à Jordânia e o seu lado ocidental está sob controlo israelita, embora cerca de dois terços se situem em território palestiniano na Cisjordânia.

O nível da água tem vindo a baixar há cerca de 40 anos, a superfície do lago diminuiu 30% nas últimas duas décadas e surgiram milhares de buracos nas suas margens.

A principal causa do declínio é a apropriação de mais de 90% da água do rio Jordão a norte para uso agrícola e doméstico por Israel, Síria e Jordânia.

A Amigos da Terra Médio Oriente (FoEME) criticou o projeto Red-Dead por brincar com a natureza e não abordar as causas profundas do declínio do Mar Morto.

O projeto forneceria menos de 100 milhões de m^3 dos 800 milhões de metros cúbicos de água necessários anualmente para estabilizar o Mar Morto aos níveis actuais[1]. "Esta é uma forma de salvar a face em vez de salvar o Mar Morto", afirmou Gidon Bromberg, do FoEME.

Conclusões

Os analistas afirmaram que o acordo criaria uma versão muito reduzida de um projeto grandioso que estava a ser considerado há quase 20 anos. Segundo eles, o projeto forneceria cerca de um décimo do volume de água necessário para estabilizar o Mar Morto, ameaçando as suas caraterísticas únicas, e não aliviaria a grave escassez de água na região.

Por último, vale a pena referir que este tipo de acordo sobre projectos hídricos pode trazer um paradigma diferente à hidropolítica da região

Em suma, o acordo sobre o Mar Morto Vermelho poderá permitir a participação de uma terceira parte (AP) num processo de criação de confiança no Médio Oriente.

Trata-se de um passo tecnicamente enorme para o transporte de água no Médio Oriente e é, de certa forma, importante para o Mar Morto. Mas, do ponto de vista hidrológico, é apenas um passo mais do que nada, por enquanto

Capítulo 9
A passagem do rio da Paz pelo Mediterrâneo Oriental

A "água" como instrumento de desenvolvimento e não como um bem para projetar e exercer poder sobre Chipre

Introdução.

A água através de um gasoduto transmediterrânico de 80 quilómetros do sul da Turquia para o Norte de Chipre foi concluída e inaugurada pelo Presidente turco Erdogan em 23 de outubro de 2015.

O projeto de abastecimento de água transferirá anualmente 75 milhões de metros cúbicos de água potável e de irrigação até 2040. O projeto de construção era sensível e complexo, e altamente dependente das condições meteorológicas. Para além das condições meteorológicas, o fabrico de tubos de polietileno de alta densidade para o projeto afectou a data de conclusão anteriormente prevista.

O projeto, que custou cerca de 1,2 mil milhões de liras turcas (cerca de 430 milhões de euros), utilizou uma tecnologia experimental, em que a secção submarina do gasoduto não foi colocada no fundo do mar, como é prática tradicional, mas sim suspensa 250 metros abaixo da superfície do mar. Isto deve-se ao facto de esta ser a profundidade mais segura e de o submarino mais sofisticado não descer abaixo dos 200 metros.

Cada secção de 500 metros do gasoduto suspenso foi amarrada a um total de 140 blocos de ancoragem de cimento de 220 toneladas cada, no fundo do mar, com cabos de aço. Foram utilizados flutuadores para ajudar a manter o gasoduto no sítio.

Metade dos 75 milhões de metros cúbicos de água serão entregues às regiões de Lefko§e, Girne e Magosa, respetivamente, após terem sido tratados através de uma rede de distribuição interna com um total de 475 quilómetros.

Poderá o projeto trazer mais do que água?

Sim. Este projeto não pode ser considerado apenas como um simples sistema de transporte de água. Tem de trazer mais do que água à ilha de Chipre. É certo que a água e a energia desempenharão o papel mais importante para o futuro da ilha se forem utilizadas de forma sustentável.

Mesmo a execução de um projeto deste tipo é muito difícil e única no mundo. O mais importante não é construir um projeto deste tipo e trazer água para a ilha, mas sim utilizar a água para o desenvolvimento sustentável, a paz e a estabilidade na ilha e no Mediterrâneo Oriental.

Este tipo de projectos estratégicos exige, em última análise, uma abordagem orientada para os objectivos, vontade política e uma forma diferente de pensar para partilhar os benefícios do projeto.

No entanto, o projeto foi alvo de duras críticas por parte de alguns círculos, na medida em que irá aumentar ainda mais a dependência da Turquia, aumentar a procura de água em vez de a satisfazer e provocar uma catástrofe ambiental.

No que respeita ao impacto ambiental, foi feito o possível para minimizar os danos. No que respeita às relações internacionais, a Turquia deve considerar novas relações e oportunidades de desenvolvimento diferentes das que existiam na era da Guerra Fria.

Para uma gestão sustentável da água, é necessário não só o abastecimento de água a granel, mas também uma colaboração efectiva na gestão da água na região. Este projeto de abastecimento de água é apenas um instrumento para dar mais um passo na cooperação em matéria de recursos hídricos e energéticos na região. O objetivo da Turquia não é projetar energia para a região através deste projeto hídrico, como se depreende das realidades a seguir descritas;

A arquitetura de segurança do Mediterrâneo Oriental tem um equilíbrio crítico e é protegida por superpotências,

O projeto parece ser apenas um passo para diminuir de alguma forma os problemas de água de toda a ilha. Necessita de mais água depois de reformular o sistema de gestão da água na ilha e de reconhecer os benefícios da abordagem de partilha para o futuro.

O projeto não é suficientemente grande para ligar Chipre à Turquia em termos de dependência,

Os benefícios do projeto não se farão sentir em menos de cinco anos.

Vários decisores na Turquia sublinharam persistentemente que o projeto se destinava não só ao Norte de Chipre, mas a toda a ilha, e à paz e estabilidade na região.

Por conseguinte, estas duras críticas impedem a adoção de uma abordagem de colaboração que é vital para o Mediterrâneo Oriental.

Se quisermos ver os efeitos reais deste projeto no estado atual da ilha, devemos concentrar-nos na preparação do solo, nos agricultores e na sensibilização da sociedade para os hábitos de utilização da água, a fim de evitar o desperdício e a gestão da água, em vez de relações internacionais impraticáveis e inúteis. Os seus benefícios dependem da forma como a água é utilizada, de forma sustentável e pacífica, longe do velho paradigma do século XX em muitos aspectos.

O facto de a água doce não ser um recurso que uma nação explora para exercer o seu poder deveria ser uma norma e, além disso, um sacrossanto internacional, ao contrário das práticas relativas ao petróleo e ao gás natural. Há também uma maior urgência em gerir a água de forma mais eficaz, ao contrário da gestão do petróleo e do gás natural.

Ao contrário do passado, somos obrigados a mudar de mentalidade pela própria natureza, e não podemos lutar contra a força da natureza.

A "água" é um instrumento vital para o desenvolvimento, mas não um trunfo para exercer e projetar poder sobre Chipre, ao contrário do que acontecia no passado.

Resumo

stA política do gás e a hidro-política no século XXI foram incorporadas na petro-política que definiu as políticas no período da guerra fria. Este estado destaca a hidro-geopolítica do Mediterrâneo Oriental. A limitação dos recursos hídricos é um dos factores que afectam as relações internacionais no Mediterrâneo Oriental. Por conseguinte, é importante que se desenvolva uma gestão racional da água na região e programas de cooperação internacional.

O primeiro e principal passo para tornar a estabilidade regional sustentável é o reforço da confiança e a aplicação de políticas que reforcem a cooperação internacional e a interdependência. O projeto da Turquia de transferir água para Chipre através de um oleoduto constitui um exemplo para a região no sentido de garantir esse clima de confiança.

A escassez de água na ilha de Chipre, que ainda hoje atravessa um período de stress, tem grandes probabilidades de se agravar ainda mais com o impacto das alterações climáticas. "O projeto de transporte de água para Chipre através de um oleoduto constitui um passo muito importante para a criação de uma cooperação no domínio da água. Esta cooperação aumentaria a importância hidropolítica e geopolítica da ilha de Chipre, que se tornou um centro de rede de transporte de recursos energéticos.

A escassez de recursos hídricos é um dos factores que continuará a afetar as relações internacionais no Mediterrâneo Oriental. São necessários programas de cooperação a nível transnacional e regional para a aplicação de políticas sustentáveis no domínio da água na região.

O primeiro passo para o efeito consiste em criar um ambiente de confiança, tendo em conta os direitos de cada país e reconhecendo o papel decisivo da água na manutenção da paz e da estabilidade regionais.

A procura de soluções, que continua na ordem do dia em diferentes partes do mundo para uma gestão sustentável da água, conduz a novas políticas de cooperação na arena internacional. A adoção de uma política de gestão racional da água é de grande importância para que estas políticas de solução sejam mais eficazes. É igualmente importante que os países da região, neste contexto, procurem uma cooperação para o futuro na gestão da água na região mediterrânica.

As alterações climáticas globais tornam obrigatória a gestão racional da água no Mediterrâneo Oriental e em todo o mundo. Devem ser adoptadas novas abordagens para a gestão da água no mais curto espaço de tempo possível. A Turquia, dando um passo muito importante na cooperação no domínio da água, já ligou um rio da sua geografia a Chipre. A Turquia implementou o projeto do rio Peace, assumindo as despesas nos domínios financeiro e técnico, bem como as medidas de segurança. Neste contexto, seria uma política mais racional para a comunidade internacional procurar cooperar neste projeto para o futuro da região, em vez de negar a abordagem da Turquia apenas com uma retórica política.

No total, são utilizados 126 milhões de m^3 /ano de água na TRNC, dos quais 24,65 milhões de m^3 para água potável e 101,33 milhões de m^3 para irrigação. 18 milhões de m^3 dessa quantidade são água do mar que entra no aquífero Güzelyurt devido à extração excessiva de águas subterrâneas. Nas projecções da procura para 2035, estima-se que a necessidade de água potável, turística e industrial será de 54 milhões de m /ano^3[XXI] . Com um total de 129 000 hectares de terras irrigáveis, a RTNC necessitará de 649 milhões de m^3 de água se toda a área for irrigada com tecnologias modernas[XXII] . Tendo em conta o facto de que 101,58 m^3 de água foram atualmente consumidos para irrigação agrícola e o baixo valor acrescentado desta água, surge uma realidade que implica uma abordagem

[XXI] "TRNC Water Master Plan Report" Merkez Project Engineering Co. Ltd., Baget Engineering Consultancy Trade Co., Hidro Dizayn Engineering Consultancy Construction Tourism and Trade Co. Ltd., Direção-Geral das Obras Hidráulicas do Estado, Gabinete de Investigação e Planos. dezembro de 2003, Ankara.
[XXII] ibid

diferente no tratamento do sector agrícola na RTNC.

Neste contexto, a seleção de um padrão específico de uma planta que se aclimatize com o clima e a ecologia da ilha e que necessite de uma quantidade marginal de água de irrigação é uma necessidade. A este respeito, seria técnica e economicamente mais racional atribuir uma proporção de 80% da água trazida da Turquia para o sector dos serviços.

No âmbito desta abordagem, a utilização racional, planeada e produtiva da água oferece uma enorme oportunidade em termos de desenvolvimento socioeconómico da ilha e de contribuição para a resolução da instabilidade política na região. Os recentes desenvolvimentos na região do Mediterrâneo Oriental aumentaram ainda mais a importância do projeto do rio Peace na construção da cooperação e da confiança regionais.

Introdução

Com uma área de 3.355 km^2 , a República Turca do Norte de Chipre (RTCN) constitui um terço da ilha de Chipre. A economia do país assenta, em grande medida, na agricultura, no turismo (16.000 camas no total) e na educação. A população é de 286.000 habitantes. Uma vez que os citrinos estão na base de grande parte da produção agrícola, a produção de azeitonas e legumes destina-se ao consumo doméstico. As técnicas modernas de irrigação são aplicadas na maioria das terras agrícolas irrigadas[XXIII] . A modernização dos sistemas de irrigação tem sido implementada desde 1998 para uma utilização eficaz da água, estando cerca de 80% concluída[XXIV] . O Primeiro-Ministro irsen Küçük declarou, em 22 de março de 2011, que o sistema de irrigação por gotejamento tinha sido posto em prática nos últimos três anos numa área de 6.000 hectares .[XXV]

Clima e Precipitação

A ilha de Chipre tem um clima árido e semi-árido e a precipitação é instável em termos de local e de tempo. Por exemplo, enquanto a média anual de precipitação é de 500 mm em toda a ilha, a quantidade na TRNC é, em média, de 373,3 mm[XXVI] . A quantidade de evaporação, que é um elemento importante do orçamento hídrico, corresponde a 80% da precipitação média anual .[XXVII]

Com base numa média a longo prazo, a precipitação anual que cai em toda a ilha de Chipre varia entre 250 mm e 720 mm[XXVIII] . No entanto, esta média de precipitação anual sofreu uma redução de 40% ao longo de 30 anos devido a irregularidades climáticas. O efeito posterior reduziu a quantidade de água de superfície que flui para as barragens entre 20% e 60%. Nenhum dos cursos de água do TRNC apresenta um caudal contínuo ao longo de um ano .[XXIX]

XXIII ASP, Estrutura e Produção Agrícola, Ministério da Agricultura e Florestas, Departamento de Agricultura, TRNC, 1996-2003.

XXIV ASP, Estrutura e Produção Agrícola, Ministério da Agricultura e Florestas, Departamento de Agricultura, TRNC, 1996-2003.

XXV http://www.kibrispostasi.com/index.php/cat/35/news/49832.access 1 Feb 2014.

XXVI http://kktcmeteor. org/meteorolojikbilgi/kibris-iklimi.aspx. Acesso em 2 fev. 2014.

XXVII Goymen, H. (b), Meteorolojik bilgi hk. Rapor. (No. M9/03/100), Bayindirlik ve Ulaçtirma Bakanligi, Meteoroloji Dairesi, TRNC, 2003.

XXVIII "TRNC Water Master Plan Report" Merkez Project Engineering Co. Ltd., Baget Engineering Consultancy Trade Co., Hidro Dizayn Engineering Consultancy Construction Tourism and Trade Co. Ltd., Direção-Geral das Obras Hidráulicas do Estado, Gabinete de Investigação e Planos. dezembro de 2003, Ankara.

XXIX Ibid

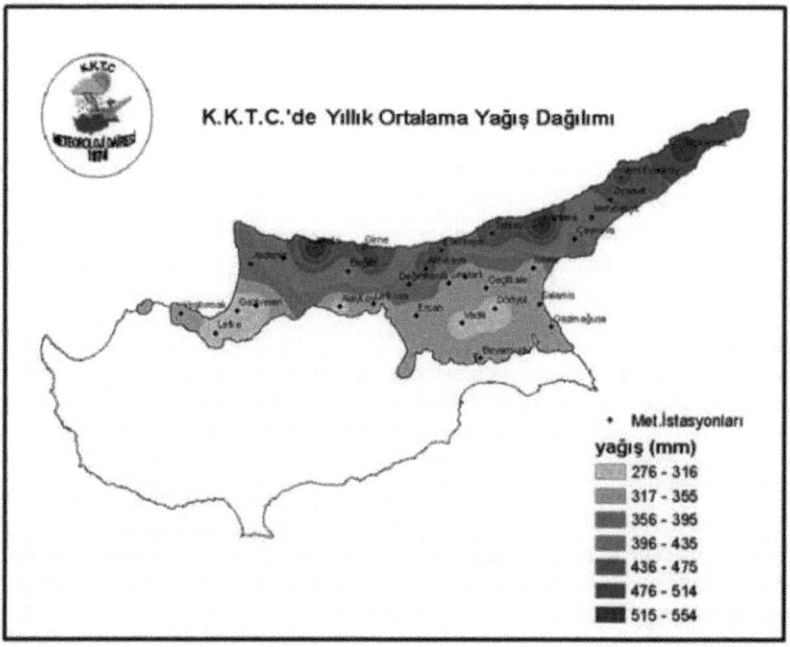

Como se pode constatar por estes factos, não existe na ilha um curso de água superficial fiável e o abastecimento de água é assegurado com base na precipitação que alimenta as águas subterrâneas.

A ilha sofre uma seca hidrológica em intervalos de cerca de 3 anos e, durante esses períodos, tem sido efectuada uma extração excessiva de água subterrânea para abastecimento de água a partir de poços ilegais. Por conseguinte, os níveis das águas subterrâneas baixaram na ilha e, com a intrusão da água do mar, as águas subterrâneas salgaram e a sua qualidade deteriorou-se.

Cursos de água e águas subterrâneas

Não há rios que corram continuamente ao longo do ano dentro das fronteiras do TRNC[XXX]. A precipitação não flui em qualquer altura e dá origem a fluxos sob a forma de inundações transitórias. Com o fim da precipitação, o caudal dos cursos de água esgota-se. Os cursos de água provenientes das montanhas de Troodos, no sul, correm durante mais tempo e com maior regularidade graças ao degelo. Os cursos de água transformam-se mais frequentemente em águas subterrâneas antes de chegarem ao mar e, no entanto, as torrentes de inundação chegam muitas vezes ao mar infiltrando-se no aquífero.

Uma vez que Chipre está situado numa zona de clima semi-árido, a existência de água é de importância vital para o país. Devido ao período de seca, especialmente após a década de 1990, o

---

[XXX] "TRNC Water Master Plan Report" Merkez Project Engineering Co. Ltd., Baget Engineering Consultancy Trade Co., Hidro Dizayn Engineering Consultancy Construction Tourism and Trade Co. Ltd., Direção-Geral das Obras Hidráulicas do Estado, Gabinete de Investigação e Planos. dezembro de 2003, Ankara.

TRNC tem sofrido cada vez mais com a escassez de água potável nos últimos anos, devido à sobre-exploração dos recursos hídricos subterrâneos e à consequente salinização.

Os recursos hídricos a serem utilizados no país são muito limitados. A quase totalidade da água potável é fornecida por águas subterrâneas. A principal fonte de água potável fornecida no TRNC é a água subterrânea do aquífero Güzelyurt (Morphou). Como consequência da sobre-exploração dos aquíferos durante muitos anos, a salinização foi desencadeada pela entrada de água do mar. Como resultado, até hoje, restou uma área muito limitada que não está sujeita à salinização ao longo da costa, e a salinização penetrou quilómetros de distância na área interior.

Planícies de Meseria

Potencial hídrico do TRNC e utilização da água

A maior parte da procura de água da TRNC é fornecida por recursos hídricos subterrâneos. Existem 41 estruturas de armazenamento de água de várias dimensões construídas nos cursos de água existentes. Algumas delas são utilizadas para recarregar as águas subterrâneas, enquanto outras servem para irrigação .[XXXI]

Tal como estipulado no "The TRNC Water Master Plan Report" e como mostra o Quadro 1, a TRNC tem 3 grandes bacias de águas subterrâneas. A capacidade total de águas superficiais e subterrâneas destas bacias é, numa base anual, de 173,18 milhões de m .[3]

[XXXI] Sidal, M., "Su kaynaklari ile ilgili bilgiler", Rapor. (No. 2/95 (68/06)), îçi§ieri ve Köy i§leri Bakanligi, Su íçleri Dairesi, TRNC, 2006.

Área	Dimensão da drenagem (km)^2	Potencial das águas superficiais e subterrâneas (Milhões^3 /ano)	Utilização Água potável (milhões/ano)	Utilização Irrigação (Milhões/ano)	Descarga para o mar (Milhões/ano)
Meseria Ocidental (Meserya), Limnitis (Ye§ilirmak), lefke, Morphou (Güzelyurt)	1703.50 Chipre 629,00 TRNC	65.13	11.60	71.53	1.70
Meséria Centro-oriental e Kyrenia (Girne) Montanhas e costa	2148.00 Chipre 1898,70 TRNC	64.40	11.25	17.30	33.10 70 km de linha costeira
Karpaz Área	679,60 TRNC	46.65	46.65	12.75	32.10 140 km Linha costeira
Total TRNC	3299	173.18	173.18	101.58	66.90

Tabela 1. Balanço hídrico da TRNC

Como se pode ver no Quadro 1, a capacidade total da Meséria Ocidental (Lefke-Morphou (Ye§ilyurt)), da Meséria Central-Oriental (Meserya), das montanhas de Kyrenia (Girne) e da costa e da zona de Karpaz é de 173,18 milhões de m^3 . 16,98 milhões de m^3 desta água são águas superficiais, enquanto 156,20 milhões de m^3 são águas subterrâneas. No entanto, 66,90 milhões de m^3 das águas subterrâneas são descarregadas no mar ao longo de uma costa de 201 quilómetros devido à falta de capacidade de controlo por razões técnicas e financeiras. Consequentemente, restam 89,3 milhões de m^3 de potencial de água subterrânea disponível. Destes, 18 milhões de m^3 de água são água do mar que invade o aquífero Morphou.

Instalações de armazenamento

Devido à baixa pluviosidade, à evaporação muito elevada e às áreas muito pequenas que recebem precipitação na parte norte da ilha, os reservatórios de águas superficiais (barragens, lagoas) parecem não constituir uma solução adequada para satisfazer a procura de água. Por outro lado, é óbvio que os reservatórios a serem construídos para recarregar as águas subterrâneas fornecerão uma contribuição progressiva para a água orçamentada.

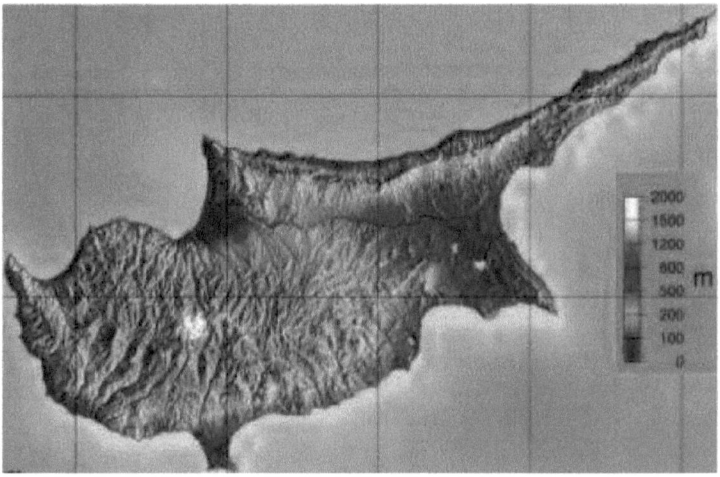

Figura 1. Precipitação e Evaporação no TRNC

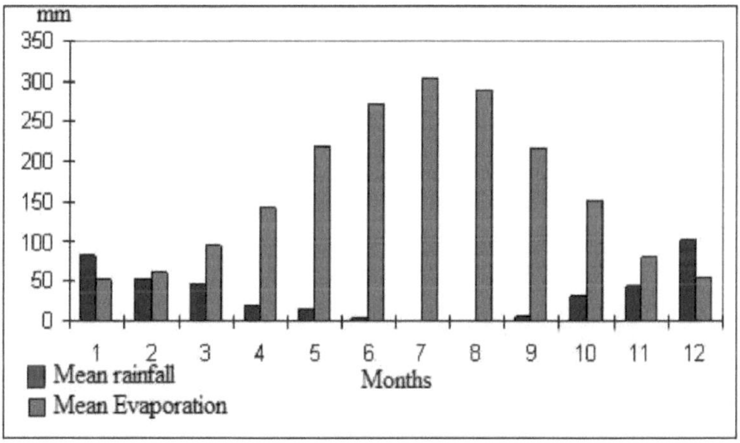

Fonte : KKTC Çevre ve Dogai Kaytialiar Bakanliăi Meteorokjji Dairesi Ba=kanligi 4 ijubat 2014

O volume total das 41 instalações de armazenamento na TRNC[32] é de 28 593 000 m^3 . Estas instalações destinam-se à irrigação e à recarga de águas subterrâneas. No entanto, as instalações de captação de águas superficiais parecem não estar a dar a contribuição esperada devido a uma evaporação muito elevada, caraterística da ilha[33 34] . A principal razão, como indicado na Figura 1, é que os valores médios de evaporação, particularmente nos meses de verão, são muito elevados.

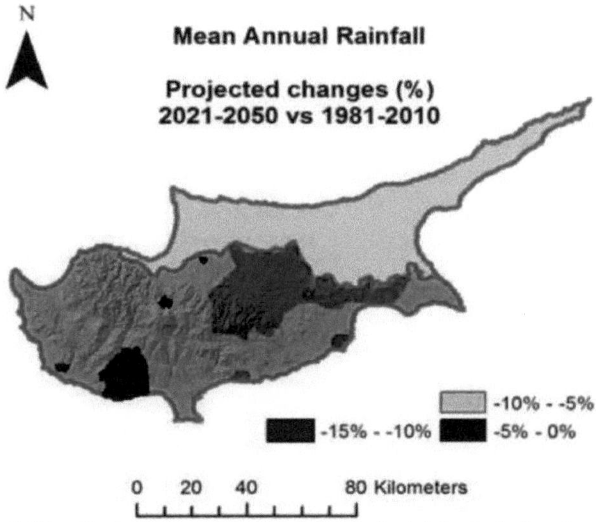

Utilização de água potável-turística-industrial e de irrigação

Na TRNC, são utilizados anualmente 125,98 milhões de m³ de água, dos quais 24,65 milhões de m³ para fins potáveis, turísticos e industriais e 101,33 milhões de m³ para irrigação. Desta água, 109 milhões de m³ (dos quais 18 milhões de m³ são provenientes da intrusão de água do mar) são águas subterrâneas[34] e 16,98 milhões de m³ são águas superficiais.

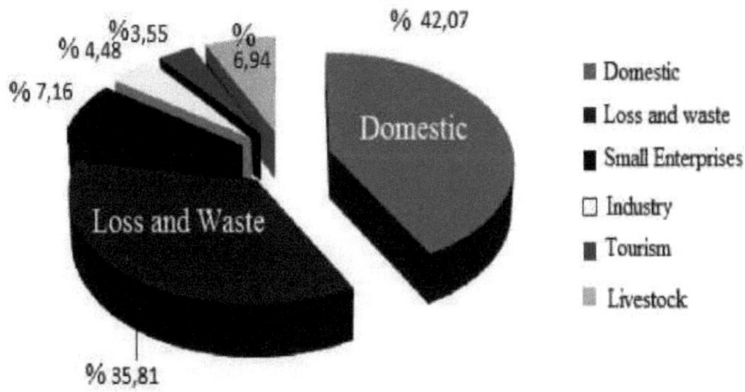

Fig.2 Utilização setorial da água em TRNC

Praticamente toda a procura de água potável, turística e industrial é satisfeita pelas águas subterrâneas na TRNC.

A distribuição fraccionada do consumo de água potável, turística e industrial na TRNC está representada na Fig.2[XXXII] . Aqui é mostrado que a taxa de perda por fuga na rede é de cerca de 36%.

[XXXII] Ibid

É por isso que é obrigatório reduzir as taxas de perda por fuga pelo menos a um nível de cerca de 10% na ilha, onde a água é de importância vital.

O património agrícola que a TRNC possui está designado no Plano Diretor da Água da TRNC. No caso da irrigação de uma parte (129 272 ha) das terras agrícolas do país que foram estudadas no âmbito do Plano Diretor, a procura de água será de 679 788 601 m[XXXIII (36)] . Esta quantidade de procura de água, analisada em função do potencial dos recursos hídricos da RTNC, não pode ser suportada técnica e financeiramente e não é viável ser transferida do estrangeiro. Por conseguinte, a abertura de novas terras agrícolas para irrigação no país não será uma política racional. Em vez disso, seria mais racional e visionário encorajar a agricultura ecológica compatível com o clima da ilha e dar peso ao sector do abastecimento e dos serviços de água potável na atribuição de água, bem como no seu tratamento e reutilização.

Estações de dessalinização na ilha

Está provado que a água obtida a partir de instalações de dessalinização da água do mar em todo o mundo não é uma solução adequada para uma gestão sustentável da água a longo prazo. No entanto, estas instalações oferecem soluções locais e parciais onde e quando é estritamente necessário. Os problemas ambientais causados quer pelos gases com efeito de estufa gerados pelas centrais térmicas para satisfazer as enormes necessidades energéticas destas instalações, quer pela eliminação de água salgada de alta densidade e pelo armazenamento de resíduos salinos residuais no mesmo local, demonstraram que estas instalações não constituem uma solução racional e sustentável para o abastecimento de água.

A capacidade das instalações de dessalinização na RTNC é muito reduzida. Existem algumas pequenas instalações privadas de dessalinização na RTNC, nomeadamente uma em Bafra com uma capacidade de 730 000 m^3 /ano, uma na Universidade do Mediterrâneo Oriental com uma capacidade de 365 000 m^3 /ano e uma em Kyrenia (Girne) com uma capacidade de 545 000 m /ano^3[XXXIV] . Estão operacionais cinco estações de dessalinização na administração cipriota grega do Sul de Chipre, com uma capacidade total de 80 milhões de m^3 /ano, em Dhekelia, Larnaca, Lini e Limassol, estando planeadas mais duas estações de tratamento com uma capacidade de 35 milhões de m^3 /ano em Vasilikos, Paphos.

Défice orçamental da água na ilha de Chipre

Atualmente, existe um enorme fosso entre a procura de água e o abastecimento natural de água em toda a ilha de Chipre. Por outro lado, a procura de água está a aumentar devido ao crescimento económico e à evolução social. Atualmente, o défice no orçamento da água está a ser colmatado pela sobre-exploração insustentável dos aquíferos e, em parte, pela água do mar purificada, especialmente na administração cipriota grega do Sul de Chipre. A sobre-exploração das águas subterrâneas provoca danos ambientais irreversíveis ou mesmo irremediáveis, permitindo a intrusão da água do mar. O

[XXXIII]"TRNC Water Master Plan Report" Merkez Project Engineering Co. Ltd. Baget Engineering Consultancy Trade Co. Hidro Dizayn Engineering Consultancy Construction Tourism and Trade Co. Ltd. Direção-Geral de Obras Hidráulicas do Estado, Gabinete de Investigação e Planos. dezembro de 2003 Ankara

[XXXIV] Anthi Dionissia Brouma, SOAS, Grupo de Investigação sobre a Água de Londres Parceria Global para a Água-Mediterrâneo (GWP-Med). Fórum Europeu Chipre Chipre sem água? Uma ilha, um problema e alguns desafios conexos, Barcelona, 14-15 de novembro de 2008, Conselho da Europa, União Europeia e IEMed.

stress hídrico surgirá como um problema muito maior nos prováveis períodos mais secos que se avizinham e terá um impacto direto no futuro socioeconómico da ilha.

Projeção da procura de água para o ano 2035

No Plano Diretor da Água da TRNC, estima-se que a população da TRNC atingirá os 350 000 habitantes em 2035. Tendo em conta a procura setorial de água para 2035, a necessidade de água para uso doméstico, turístico e para instituições de ensino internacionais é estimada em 54 milhões de m^3.

Outro estudo[XXXV] realizado sobre o planeamento dos recursos hídricos na TRNC indica que esta quantidade de água não pode ser extraída dos aquíferos de forma sustentável. O estudo, que utilizou cenários optimistas e pessimistas para os períodos secos e pluviais, indica que seriam extraídos anualmente 35-87 milhões de m^3 em 2020 e 67 a 125 milhões de m^3 de água salgada em 2030, caso se tentasse satisfazer a procura de água apenas através da extração dos aquíferos[XXXVI]. A extração levará a que os aquíferos fiquem completamente cheios de água do mar. Estas projecções revelam a importância de uma gestão sustentável e racional da água na ilha.

A importância da água na região

A importância crescente da água, tendo em conta a falta de recursos hídricos da ilha e os desenvolvimentos na região, aumentou as perspectivas de contribuição para a paz e a estabilidade na região que o abastecimento de água da Turquia poderia proporcionar.

Em dezembro de 2011, a Turquia deu início à construção do "***Projeto do Rio da Paz***" e, atualmente, retoma o projeto a um ritmo acelerado. Foi anunciado que o projeto estaria concluído em 2014. Através de um bom planeamento, a água a fornecer à ilha poderia ser utilizada para satisfazer não só a procura de água potável da TRNC, mas também uma grande parte da procura de toda a ilha. Os esforços para satisfazer as necessidades de água potável da ilha através de recursos de que a Turquia é proprietária são os esforços para aumentar a cooperação.

A Turquia está a esforçar-se por criar confiança entre os dois lados da ilha, utilizando a água como um instrumento de cooperação para a estabilidade regional. A Turquia concretizou o projeto tendo assumido todos os custos e medidas no mesmo sentido.

[3]Anteriormente, a Turquia tinha concluído uma instalação destinada a fornecer 180 milhões de metros cúbicos de água por ano através do mar a partir de Manavgat. O projeto de abastecimento de água de Manavgat e o projeto do rio da paz em Chipre são projectos que a Turquia desenvolveu com o objetivo de contribuir para a criação de um ambiente de estabilidade e confiança na região e não de obter um retorno económico.

Devido às suas caraterísticas físicas distintas, o Mediterrâneo Oriental é uma região em que a interação entre as relações internacionais, o desenvolvimento e a água mantêm qualidades únicas. O aumento da escassez de água devido às alterações climáticas na região afectará negativamente o

---

38Türkman, F., Elkiran, G., 2008, "Water Resources and Planning in TRNC- Kuzey Kibris Türk Cumhuriyeti'nde Su Kaynaklari ve Planlamasi" TMMOB ÌMO 2. Actas do Congresso sobre Políticas da Água, Pg.425 ÌMO, Ankara.

[XXXVI]"TRNC Water Master Plan Report" Merkez Project Engineering Co. Ltd. Baget Engineering Consultancy Trade Co. Hidro Dizayn Engineering Consultancy Construction Tourism and Trade Co. Ltd. Direção-Geral das Obras Hidráulicas do Estado, Gabinete de Investigação e Planos, dezembro de 2003 Ancara

desenvolvimento socioeconómico. Estas circunstâncias são susceptíveis de agravar os problemas existentes na região, onde a estabilidade e a segurança já se encontram, por natureza, sob ameaça perpétua. Nestas condições, a utilização sustentável dos recursos com a cooperação no domínio da água deverá desempenhar um papel importante no desenvolvimento e na estabilidade da região.

Projeto Peace River para Chipre

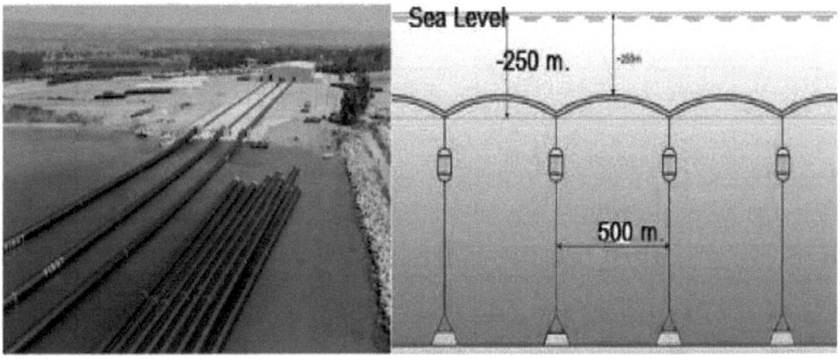

Os serviços de consultoria do projeto foram adjudicados em 1998 e concluídos em 1999. O contrato de construção foi celebrado em 2012, após 13 anos.

O caudal de 2,83 metros cúbicos por segundo da barragem de Alaköprü, que será construída no rio Dragão em Anamur, será o primeiro no mundo com um pedido de transporte de água para Chipre através de uma conduta de polietileno de alta densidade suspensa 250 m abaixo do nível do mar. O diâmetro e a espessura da parede desta conduta de 80 km entre a Turquia e Chipre são de 1600 mm e 62 mm, respetivamente, e os tubos serão colocados à tona a 250 metros abaixo do nível da superfície do mar.

A barragem de Alaköprü e uma central hidroelétrica, com cerca de 90 m de altura, do lado da Turquia, foram construídas para o abastecimento de água. Esta barragem deverá armazenar um total de 131 milhões de m^3 de água.

Foi planeado que, dos 75 milhões de m^3 de água a enviar anualmente para a TRNC a partir da Turquia, aproximadamente 38 milhões de m^3 serão afectados a água potável após purificação nas estações de tratamento que serão construídas, enquanto os restantes 37 milhões de m^3 se destinam à irrigação das planícies da Mesária .[XXXVII]

De acordo com o plano inicial, dos 54 milhões de m^3 de procura de água previstos para 2035 no Plano Diretor da Água de Chipre, 38 milhões de m^3 /ano serão satisfeitos por água transportada da Turquia por condutas, enquanto os restantes 16 milhões de m^3 continuarão a ser satisfeitos pelos recursos hídricos subterrâneos atualmente disponíveis .[XXXVIII]

Estima-se que a população da TRNC, atualmente de 286 000 habitantes, atinja os 350 000 em 2035. A procura atual de água potável e industrial, que é de aproximadamente 33 milhões de m^3 , deverá atingir um total de 54 milhões de m^3 em 2035.

[XXXVII] www.dsi.org.tr

[XXXVIII] http://yonetim.dsi.gov.tr/hizmet-alanlari/hizmet, acedido em 9 de janeiro de 2012

[3]Dado que se prevê que a quantidade de água a fornecer a Chipre através do **"Projeto Peace River"** seja de 75 milhões de metros cúbicos por ano, se for assegurada uma utilização eficiente da água, será também possível atribuí-la a outras partes da ilha.

Autoridades turcas e do TRNC: "O projeto é um projeto de paz para todo o Chipre"

O facto de o projeto de transporte de água da Turquia para a República Turca do Norte de Chipre ser um projeto de paz e de a água vir a ser uma água de paz tem sido afirmado desde a cerimónia de assinatura pelas autoridades turcas e da República Turca do Norte de Chipre.

Por exemplo, chamando a atenção para o facto de o projeto custar 450 milhões de dólares, o Ministro de Estado e Vice-Primeiro-Ministro Cemil Cicek, num discurso proferido na cerimónia de assinatura, a 20 de julho de 2010, afirmou que a bacia se tornaria uma bacia de civilização com a chegada da água, juntamente com um projeto de energia de 150 milhões de dólares, e que "a assinatura que colocamos é o Projeto Água da Paz".

O Ministro das Florestas e dos Recursos Hídricos, Prof. Dr. Veysel Eroglu, que discursou em 30 de março de 2012 na cerimónia de lançamento da primeira pedra da barragem de Geçitkôy, a parte cipriota do projeto, na RTNC, afirmou que a água que chegará à barragem de Geçitkôy fluirá para todo o Chipre como uma água de paz.

Para além dos políticos e burocratas da Turquia, Hamid Bakirci, que é Ministro do Ambiente e dos Recursos Naturais da República Turca do Norte de Chipre, afirmou, no dia 29 de abril de 2014, ao fazer as suas avaliações ao jornal A Haber sobre questões fundamentais como o gás natural e a água, que estão no centro do processo de negociação, que *"estamos dispostos a partilhar a água da Turquia com o nosso vizinho do sul".* O Ministro da Agricultura e dos Recursos Naturais da República Democrática do Congo, Amcaoglu, disse à France 3 news que "estamos dispostos a partilhar a água".

Projeto

A barragem de Alaköprü, a ser construída a uma altura de 88 m do leito do rio e com um volume total de armazenamento de 130,5 milhões de metros cúbicos, no rio Dragon, no distrito de Anamur, em Mersin, é o principal depósito deste projeto. Esta barragem foi planeada para produzir 111,27 milhões de kWh de eletricidade por ano, fornecendo simultaneamente água de irrigação a Anamur e às aldeias circundantes. A fundação da barragem de Alaköprü, que constitui a parte turca do projeto, foi lançada em 7 de março de 2011.

A água captada na barragem é transportada para o tanque de armazenamento de Anamurium, com um volume de 10 mil metros cúbicos, através de uma conduta de transmissão dúctil perfurada com 22 quilómetros de comprimento e 1.500 milímetros de largura. A água retirada da lagoa de armazenamento é ligada ao sistema de condutas marítimas através de uma conduta com um quilómetro de comprimento. A travessia marítima do projeto é composta por uma conduta de polietileno de alta densidade com 80 quilómetros e 151 metros de comprimento, com um diâmetro de 1600 mm e uma espessura de parede de 62 mm, suspensa 250 m abaixo do nível do mar.

Na outra parte do projeto, em Chipre, estão localizadas a estação de bombagem de Güzelyali, com uma potência de 6 megawatts, a linha de elevação de tubos dúcteis com 3 694 metros de comprimento e 400 milímetros de diâmetro, a barragem de Geçitkôy, com 26,5 milhões de metros cúbicos de volume de armazenamento, com uma altura de 58 m do leito do rio e 65 m da fundação, e a estação de bombagem de Geçitkôy, com uma capacidade instalada de 13 megawatts. A construção das fundações da barragem de Geçitkôy, no lado cipriota, teve início em 30 de março de 2012.

A água será bombeada para a barragem de Geçitkôy através de uma conduta elevatória de 3 km com um caudal de 2,38 m^3 /seg. A água destinada à utilização potável, com uma média anual de 1,20 m^3 /seg., será entregue à conduta de água potável por elevação através da estação de bombagem de Geçitkôy. 1,18 m^3 /seg. de água para a agricultura serão armazenados na barragem de Geçitkôy, com 26,5 milhões de metros cúbicos de volume de armazenamento e uma altura de 58 m do talvegue, para serem utilizados durante a época de irrigação. A fundação da barragem de Geqtköy foi lançada em 30 de março de 2012. A construção de condutas começou em outubro de 2012.

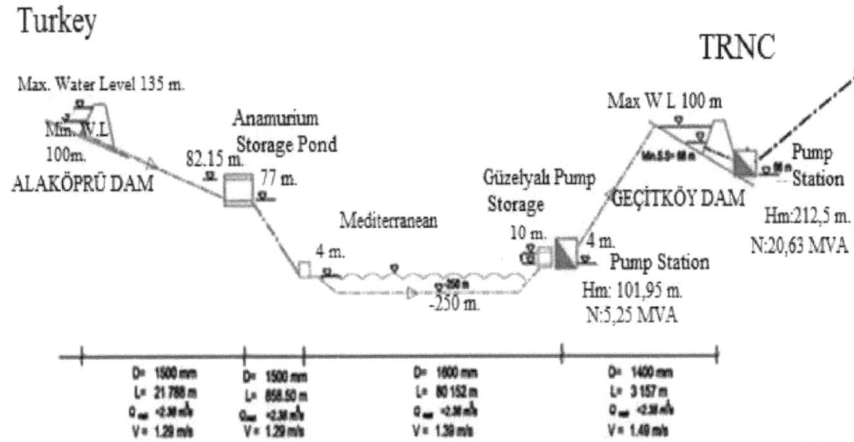

Bloco gravitacional de betão e respectiva bainha

No Projeto de Abastecimento de Água da TRNC, à medida que o processo de trabalho arrancava, as operações para colocar o primeiro bloco no fundo do mar foram concluídas em 26 de março de 2014. Os blocos de ancoragem, os cabos de suspensão e as bóias de flutuação para permitir a colocação da conduta de alto mar, que era a parte mais crítica e difícil do projeto, começaram a ser colocados em março de 2014. O navio de origem holandesa "Fairplayer", com 14 blocos de ancoragem, cada um dos quais pesando 220 toneladas no seu convés, foi lançado ao largo do porto de Tasucu Seka em 23 de março para realizar a operação.

Blocos de betão de ancoragem

O Fair play, que tem uma capacidade de elevação de 900 toneladas, completaria a operação num total de 8 viagens. O navio coloca os blocos de ancoragem utilizando 2 instrumentos de instalação controlados à distância. Durante a operação, serão colocados no fundo do mar 126 blocos de ancoragem, cada um dos quais com uma duração estimada de 9 dias. Os cabos de suspensão e as bóias são montados nestes blocos. O primeiro bloco será submergido a uma profundidade de 290 m, enquanto o último bloco será submergido a 670 m.

O Presidente da Turquia, Recep Tayyip Erdogan, inaugurou um gasoduto submarino de água doce que liga a Turquia a Chipre em 17 de outubro de 2015

O projeto foi concluído em quatro anos, com um custo de cerca de 500 milhões de dólares

Blocos de betão de ancoragem
Custo do projeto

O Ministro turco das Florestas e dos Recursos Hídricos, Prof. Dr. Veysel Eroglu, declarou que o custo total do projeto era de 1 bilião e 117 milhões de TL (cerca de 372 milhões de dólares), mas que, com a adição das linhas de distribuição principais, o custo aumentaria para cerca de 1 bilião e 500 milhões de TL.

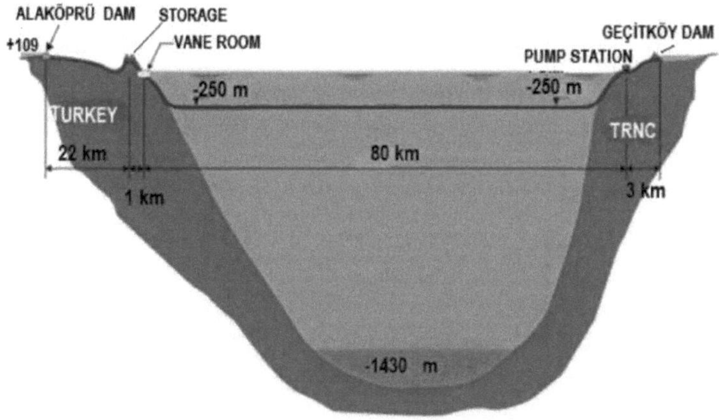

Acrescentou ainda que, de 1 bilião e 117 milhões de TL (cerca de 372 milhões de dólares), 811 milhões de TL (cerca de 270 milhões de dólares) correspondem ao custo do investimento total do concurso para toda a estrutura de distribuição de água à TRNC, enquanto o montante restante de 300 milhões de TL (cerca de 100 milhões de dólares) corresponde ao custo da distribuição de água na TRNC. O Comissário afirmou ainda que desejava que a água fosse uma causa de paz no Médio Oriente e, em especial, em Chipre.

Economia da RTCN

Desde o início da década de 2000, a economia do Norte de Chipre tem registado elevados níveis de crescimento, com uma média de 6%. Nos últimos anos, o desenvolvimento económico tem revelado uma grande mudança da economia agrícola para o turismo e a indústria.

Tal como noutras pequenas economias insulares, no Norte de Chipre, o sector dos serviços constitui a espinha dorsal da economia. O sector dos serviços, que ocupa um lugar importante na economia, representa mais de 70% do Produto Interno Bruto. O turismo e o ensino superior são os subsectores mais importantes do sector dos serviços. Os sectores do turismo e do ensino superior desempenham um papel importante e vital na balança de pagamentos do Norte de Chipre. A locomotiva da economia são os sectores do turismo e do ensino superior no Norte de Chipre. As receitas líquidas do turismo em 2014 estão estimadas em 500 milhões de dólares.

O sector agrícola, que ocupava um lugar importante na economia na década de 1980, perdeu a sua importância nos anos seguintes. Verifica-se que o sector agrícola, cuja parte na economia diminuiu de 21% em 1985 para 5% em 2013, perdeu gradualmente a sua importância na economia.

Turismo

Sendo um dos principais sectores da TRNC, o seu desenvolvimento é objeto de especial atenção. Em 2009, o número de visitantes ascendeu a 800 000 e as receitas líquidas do turismo a 450 milhões de dólares. Prevê-se que as receitas do turismo em 2014 atinjam os 500 milhões de dólares.

Paralelamente ao aumento do número de turistas, as TRNC oferecem oportunidades como o ecoturismo, a observação de aves, o golfe, a monitorização de tartarugas, o mergulho, a observação de locais históricos, bem como muitas outras actividades associadas a uma variedade de possibilidades de alojamento que vão desde hotéis de cinco estrelas e estâncias a aldeamentos turísticos e pousadas, com um total de 16 000 camas. O objetivo é que o Governo da RTNC aumente este número para 50 000, o que também implica um aumento da procura de água.

Ensino superior

A RTNC estabeleceu o objetivo de se tornar o centro de ensino superior mais prestigiado da região. Este objetivo provou ser muito preciso e planeado, uma vez que foram alcançados desenvolvimentos promissores. Mais de 50 mil estudantes de 65 países estão a estudar em nove universidades que estão operacionais na RTNC. As receitas provenientes do sector da educação têm vindo a crescer e, com 500 milhões de dólares em 2013, atingiram 13% do Produto Interno Bruto. O sector do ensino superior no Norte de Chipre é uma importante fonte de rendimento que contribui para o equilíbrio da balança corrente.

Espera-se que este sector melhore ainda mais com a participação nos programas Erasmus e Sócrates da União Europeia e no Processo de Bolonha.

Agricultura

Tendo sido a maior fonte de emprego na década de 1980, a importância do sector agrícola na economia tem vindo a diminuir ao longo dos anos. Em 2009, a quota-parte dos produtos agrícolas, com exceção dos produtos transformados, era de 29,7% do total das receitas de exportação. Enquanto a parte dos produtos agrícolas no PIB era de 6,4% em 2009, e a parte no emprego era de 4,8%, em 2014 desceu para 5% do PIB.

O novo Chipre, "Energia e Água", irá moldar

Em muitos dos países ribeirinhos do Mediterrâneo Oriental, bem como na República Transnacional da China e na administração cipriota grega, os recursos de água doce são escassos. Esses recursos escassos estão também sujeitos à pressão das graves alterações climáticas, do rápido crescimento demográfico, da intrusão de água do mar e da contaminação e poluição industriais. A maioria dos países da região do Mediterrâneo Oriental, em termos de recursos hídricos, depende da água dos países vizinhos. Juntamente com as mudanças ocorridas recentemente na geopolítica da região devido às reservas de gás natural e petróleo, as tensões políticas entre países aumentaram a importância estratégica da água na região.

Os modelos climáticos à escala global e regional revelam que a região mediterrânica é uma região que será profundamente afetada pelo aquecimento global. Neste contexto, as temperaturas que tendem a aumentar e a precipitação a diminuir a longo prazo afectarão negativamente o ciclo da água na região.

A falta de recursos locais de água doce e o facto de os países da bacia terem um destino comum numa geografia fechada e os crescentes problemas de água no Mediterrâneo Oriental implicam a cooperação na região.

Os últimos desenvolvimentos no Mediterrâneo Oriental transformaram a região num laboratório de políticas de energia, água e segurança alimentar e de correlações entre estes elementos.

De acordo com quase todos os cenários de alterações climáticas, que certamente ocorrerão nesta região, o problema da água afectará diretamente a segurança alimentar e energética. Os esforços dos países para garantir a segurança hídrica, alimentar e energética na região terão repercussões diretas ou indirectas no equilíbrio regional.

Pentágono: 2023 é um ano crítico para a segurança da água na região

Uma declaração do Pentágono, em março de 2012, ofuscou a petro-política da região e revelou a importância da geografia em termos de hidro-geopolítica. Nessa declaração, o Pentágono advertia que a seca prevista para depois de 2023 afectaria os equilíbrios sociopolíticos e todos os outros equilíbrios da região e criaria problemas económicos e sociais nesses países. Outro aviso veio do Ministro das Florestas e dos Recursos Hídricos da Turquia. Dr. Veysel Eroglu, em outubro de 2014, afirmou que "estamos a preparar-nos para uma provável seca em 2021".

Chipre, uma ilha no Mediterrâneo Oriental, é muito estratégica. Essa importância estratégica, com a emergência da nova geopolítica da energia, aumentou ainda mais. Os recursos energéticos localizados em torno da ilha de Chipre tornaram-se um grande farol de esperança para ultrapassar os problemas económicos da República Transnacional da China e da administração cipriota grega.

A aceleração imediata da extração de recursos energéticos no Sul de Chipre nos últimos dois anos também mobilizou a Turquia. A Turquia, por um lado, anunciou que protegeria os seus interesses em matéria de recursos energéticos e, por outro, acelerou o projeto de abastecimento de água a Chipre através de um gasoduto, que é da maior importância para a ilha.

Anteriormente, a iniciativa da Turquia de transportar água do riacho Anamur Soguksu para a RTNC através de sacos de água denominados Medusa Bags foi activada em 1998. O transporte de água da Turquia com sacos rebocáveis por mar de 10 000 e 40 000 m^3 foi considerado viável em 1998 e, após o transporte de um total de 2 850 milhões de m^3 de água em 5 anos, o projeto foi interrompido em 2002 devido a dificuldades técnicas.

Sacos de água

Transportar água com os Medusa Bags para o TRNC

Embora o projeto de abastecimento de água de Manavgat tenha sido concluído, não pôde ser utilizado para transportar água para a região do Mediterrâneo Oriental. Por isso, esta instalação foi replaneada para ser utilizada para fornecer água potável nas suas imediações no país. A mobilidade energética no Sul teve um efeito na revitalização do projeto de abastecimento de água a Chipre através de um gasoduto que esteve na agenda da Turquia durante 16 anos.

Projeto de abastecimento de água de Manavgat

Os projectos energéticos e hídricos do Sul, no Norte, conduziram à chegada à ilha de duas fontes estratégicas básicas de vida, de que há muito tempo tem sede. A nova geopolítica da água e da energia que estes desenvolvimentos revelaram irá moldar decisivamente o futuro da ilha de Chipre. Pode prever-se que está a começar uma nova era nas relações entre o TRNC e a administração cipriota do sul. Este novo paradigma, com o impacto dos enormes investimentos efectuados por empresas petrolíferas gigantes na região e a grande oportunidade que Israel aproveitou para se tornar um interveniente no sector da energia, contribuirá para que a estabilidade da região seja mais permanente.

A Turquia provou ser um país que procura a cooperação e a estabilidade na região através do fornecimento de água a Chipre.

A produção galvanizante dos gigantes petrolíferos mundiais, da Exon Mobile à Gazprom, e as parcerias internacionais que as empresas de Israel e do Egito estabeleceram com essas empresas aumentaram a procura de um ambiente de segurança e estabilidade duradouro nesta região, que está a ser remodelada com a dinâmica da nova geopolítica. Neste contexto, num futuro próximo, surgirá um novo Mediterrâneo Oriental, moldado pela energia e pela água.

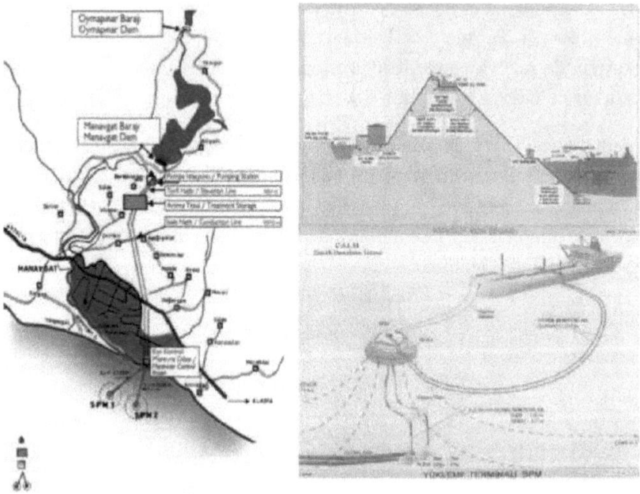

Projeto de abastecimento de água de Manavgat

Ilha da Paz Água: Chipre

Os países e as ilhas que fazem fronteira com o Mediterrâneo Oriental continuam a sofrer de problemas físicos relacionados com a água. Muitos destes países estão dependentes da água dos países vizinhos em termos de recursos hídricos.

A região mediterrânica é uma das regiões que se prevê venham a ser negativamente afectadas pelas irregularidades climáticas globais. Os cenários de alterações climáticas revelam que, a médio prazo, a precipitação média anual será reduzida em 10 vezes e a temperatura aumentará na região. Este facto também fará com que a água se torne um instrumento de conflito ou de cooperação nesta bacia.

De acordo com todos os cenários optimistas ou pessimistas, haverá um problema de água nesta região. Os problemas hídricos na bacia afectarão negativamente o equilíbrio regional e terão repercussões diretas ou indirectas na desestabilização da região.

Estes desenvolvimentos, que indicam o aumento da importância da gestão da água na região, mobilizaram a Turquia, que tem as costas mais longas. A decisão sobre este projeto foi tomada pelo Conselho de Ministros em 1998 e o relatório de viabilidade foi aprovado em 1999. Após esta data, os progressos do projeto desaceleraram. No entanto, a Turquia concluiu o projeto tendo decidido, em 2012, finalizá-lo rapidamente num curto espaço de tempo.

Com este projeto, Chipre irá desenvolver-se rapidamente com base na água. Num futuro próximo, a ilha de Chipre contribuirá para a estabilidade na região com a aquisição de recursos energéticos e hídricos de que carece.

Conclusão

O projeto Peace River, sendo o primeiro no mundo, quer em termos da alta tecnologia utilizada na fase de planeamento, conceção e construção, quer em termos da dimensão do projeto, proporcionou à Turquia um grande prestígio. Este projeto, que criará uma mudança muito drástica em termos de hidrogeopolítica na região do Mediterrâneo Oriental, abrirá novos horizontes para o desenvolvimento económico da TRNC, que depende da água.

Neste contexto, o projeto turco "Peace River to Cyprus" é um projeto visionário que integra a água no progresso tecnológico, no desenvolvimento económico e no bem-estar social. Por esta razão, a água ligada à ilha de Chipre deve ser utilizada com este entendimento visionário, a fim de garantir a estabilidade política e económica. Para o futuro de Chipre, a utilização racional da água numa base setorial deve estar em primeiro plano. Neste contexto, seria possível aumentar a quota dos sectores em rápido desenvolvimento do turismo e do ensino superior para mais de 50 % do PIB num prazo de 10 anos.

Devido à redução da precipitação média de 40% nos últimos 30 anos na ilha de Chipre, a parte do sector agrícola no PIB diminuiu para 6%. Os resultados dos modelos climáticos para a região revelam que a precipitação diminuirá significativamente e as temperaturas aumentarão no futuro. Por conseguinte, na agricultura, a procura de água para a vegetação irá aumentar. A utilização de 50% da água no sector agrícola, tal como previsto, prejudicará o desenvolvimento dos sectores do turismo e da educação, que, de outro modo, ocupariam um lugar crucial no desenvolvimento da TRNC. No entanto, pode considerar-se a possibilidade de utilizar a água de uma forma que não exceda 30% da água da paz para o cultivo de produtos de valor acrescentado em que a Turquia é um importador líquido, como as nozes, as amêndoas e o sésamo, que necessitam de pouca água. Esta produção contribuirá igualmente de forma significativa para o emprego e o desenvolvimento socioeconómico das zonas rurais.

O aumento do número total de camas da indústria do turismo de 16.000 atualmente para 100.000 nos próximos 10 anos na RTNC foi possível graças ao Projeto Peace River. Do mesmo modo, tornou-se um objetivo atingível aumentar o número de estudantes do ensino superior de cerca de 50.000 em 2013 para 100.000.

O projeto Peace River também permitiu estabelecer objectivos muito ambiciosos, eliminando todos os obstáculos que se opunham aos objectivos do sector do turismo e do ensino superior na RTNC.

A implementação destes objectivos resultará num aumento das receitas turísticas actuais, que se situam em cerca de 500 milhões de dólares, para atingir aproximadamente 3,2 mil milhões de dólares, e as do ensino superior, de 400 milhões de dólares para mil milhões de dólares, elevando o total para 4,250 mil milhões de dólares por ano.

Este desenvolvimento permitirá à ilha destacar-se a nível mundial como destino turístico e centro de ensino superior. Sendo o sector do turismo uma indústria de serviços com grande intensidade de mão de obra, a criação de um total de 100 000 camas eliminará completamente o problema do desemprego na TRNC.

A taxa de crescimento que o projeto do rio Peace traz à paz e à estabilidade da ilha será diretamente proporcional à utilização racional da água. Isto exige que a atribuição do projeto do rio Peace Water dê prioridade e intensidade aos sectores da água potável, do turismo e do ensino superior. Consequentemente, a atribuição de água deste projeto aos sectores do turismo e do ensino superior deve ser um objetivo prioritário. Consequentemente, a ascensão da RTNC ao nível dos países desenvolvidos, com uma prosperidade em termos de elevados padrões de vida e de bem-estar social, e a sua expansão na base popular permitirão contribuições substanciais para o processo de paz de uma forma positiva.

Estes dois recursos naturais muito estratégicos - água e energia - devem ser utilizados através de uma integração com uma visão estratégica para o futuro, a paz e a estabilidade da ilha. A ligação da água do rio Peace com a Turquia contribuirá para esta integração. Isto abrirá o caminho para a cooperação destinada a transportar os potenciais recursos energéticos da ilha para o mercado mundial da forma mais económica.

O projeto "Água da Paz", que poderia abrir a porta à cooperação no Mediterrâneo Oriental, deve ser utilizado para a estabilidade regional, sem prejuízo de considerações políticas.

O Rio da Paz até Chipre é um passo importante para a paz regional, a estabilidade e a estabilidade do "Corredor Energético do Mediterrâneo Oriental" e não deve ser desperdiçado,

Seria sensato reconhecer que a água que chegará a Chipre atravessando o Mediterrâneo Oriental é um marco para a segurança da ilha,

É de importância vital compreender que o transporte de água para a ilha é um projeto visionário ao serviço da paz e da estabilidade da ilha,

O facto de a gestão da água trazida para a ilha ser realizada com uma "Gestão Integrada da Água" exemplar é tão importante como trazer a água para a ilha,

Para o futuro de Chipre, a utilização racional da água numa base setorial deve passar para primeiro plano. Neste contexto, seria mais adequado atribuir a água principalmente aos sectores do turismo e do ensino superior em rápido desenvolvimento,

É essencial que os esforços nesta matéria sejam rapidamente iniciados em cooperação com o público e a sociedade civil,

Devem ser envidados os esforços necessários para que a água trazida para a ilha com um projeto pioneiro a nível mundial em termos de escala e de tecnologia dê início a um processo de consciencialização social sobre os hábitos de consumo de água,

É um facto que a água da paz criará sinergias para o desenvolvimento, o crescimento e o futuro do TRNC, bem como de toda a ilha de Chipre. Deste ponto de vista, este facto pode contribuir para a paz e a estabilidade na região.

Para uma utilização sensata e racional, é de importância vital que 70% da água de paz seja utilizada no abastecimento de água potável, no turismo e no sector dos serviços de educação internacional, enquanto 30% é utilizada para a produção agrícola de valor acrescentado com potencial de exportação.

É óbvio que trazer esta água para Chipre é importante. Mas o mais importante é conseguir utilizar esta água para a paz e a estabilidade no futuro da região.

Conclusões

Embora existam muitas razões que justificam a necessidade de uma nova abordagem concetual da hidrodiplomacia, a razão mais básica tem a ver com as alterações climáticas e a variabilidade hidrológica.

A variabilidade e a incerteza que as alterações climáticas acarretam para muitas bacias constituem uma nova ameaça para a gestão transfronteiriça da água e, em certas regiões, as alterações climáticas resultarão num excesso de água em determinados períodos do ano e num défice noutros[2]. Em resultado destas alterações, Pohl et al. sugerem que, se as alterações climáticas resultarem em conflitos, estes serão muito provavelmente relacionados com a água.

À luz destes desafios, o termo convencional *"hidropolítica"* deve agora incluir a consideração de uma variedade de escalas, novos actores, uma maior consideração da relação entre água, energia e alimentos, novas geopolíticas e novas tecnologias.

O Oxford English Dictionary define a palavra "cooperação" como "trabalhar ou atuar em conjunto para o mesmo fim, para um objetivo ou benefício comum"[4]. Infelizmente, este processo nem sempre tem em conta uma *"visão partilhada"* para atingir um objetivo final. A verdadeira colaboração requer uma relação de dependência e confiança mútuas.

Por conseguinte, a reflexão sobre a "cooperação" no domínio da água transfronteiriça tem de deixar de se centrar na partilha de quantidades absolutas de água e passar a centrar-se no reforço das capacidades de gestão da água transfronteiriça e na colaboração na partilha de benefícios em diferentes sectores. Se a colaboração é essencial para uma gestão sustentável da água transfronteiriça, os Estados co-ribeirinhos têm, em primeiro lugar, de encontrar uma forma mutuamente benéfica que possa ajudar a construir essa colaboração.

Conceptualizar o conflito e a cooperação de uma forma linear não é uma abordagem orientada para a solução. É necessária uma nova abordagem concetual. Pode ser produtivo centrar as análises nas novas ameaças à segurança, como a energia, o ambiente e as alterações climáticas, como questões comuns que exigem a colaboração entre os Estados da bacia, em vez de considerar casos discretos relacionados com as interações transfronteiriças no domínio da água.

Como sugere Therese Sjömander Magnusson[XXXIX], *"Precisamos de compreender melhor como funcionam as várias formas de cooperação regional fora do sector da água. Precisamos de uma forma de cooperação que reforce a integração regional que afecta a gestão da água entre países.*

[32]"TRNC Water Master Plan Report" Merkez Project Engineering Co. Ltd., Baget Engineering Consultancy Trade Co., Hidro Dizayn Engineering Consultancy Construction Tourism and Trade Co. Ltd., Direção-Geral das Obras Hidráulicas do Estado, Gabinete de Investigação e Planos. dezembro de 2003, Ankara.
[33] Ibid
[34] Ibid

XXXIX[i] Therese Sjömander Magnusson (2014) Peaceful water cooperation requires new thinking" Disponível

de: http://www.hidropolitikakademi.org/en/peaceful-water-cooperation-requires-new-thinking.html

Referências

1. Ashirbekov V.A., Zon I, S. Aral The History of Dying Sea, Dushanbe, 2003-86c.
2. Asia's Next Challenge: Securing the Region's Water Future 2009 um relatório do Grupo de Liderança para a Segurança da Água na Ásia abril de 2009
3. Bland .M. S 2015 "Kazakhstan: Measuring the Northern Aral's Comeback" 27 de janeiro de 2015 http://www.hidropolitikakademi.org/en/kazakhstan-measuring-the- northern-arals-comeback.html
4. Breckle, S-W., Geldyeva, G.V., 2012. Dinâmica do Mar de Aral em Tempos Geológicos e Históricos, em: Breckle, S-W., Wucherer, W., Dimeyeva, L.A.,
5. Dukhovny, A.V, Schutter J. 2011 Water in Central Asia (Água na Ásia Central). Balkema 2011 Londres.
6. CE-IFAS, 2013. O Mar de Aral e os seus desafios. Comité Executivo do Fundo Internacional para a Salvaguarda do Mar de Aral. Comité Económico e Social das Nações Unidas e um canto do Mar de Aral. Banco Mundial: Europa e Ásia Central. http://go.worldbank.org/IE3PGWPVJ0 (acedido em 11.11.13).
7. Gaybullaev, B., Chen, S.C., Kuo, Y.M., 2013. Volume de água e previsões de salinidade do pequeno Mar de Aral para os anos 2025. Journal of Chinese Soil and Water Conservation 44(3), 265 - 270.
8. Micklin, P. P., 2007. O Desastre do Mar de Aral. Revisão Anual, Earth Plan. Sci. 35(4), 47-72.
9. NASA, 2013. Mar de Aral em contração. Observatório da Terra. Administração Nacional da Aeronáutica e do Espaço
10. Rahimov, S., 2009 Impactos das alterações climáticas nos recursos hídricos da Ásia Central Documentos CIDOB, Ásia Número 25, 2009
11. Stephen Hodgson "Strategic Water Resources in Central Asia in Serach of a new international legal order. EUCAM Monitorização da UE para a Ásia Central. N.º: 14 de maio de 2010 CEPS Centre for European Policy Studies.
12. Uslu. K, Öngel. V, Sözen. i, "Aral Gölü Havzasindaki Su Kaynaklarinin Orta Asya Ülkelerinin Sürdürülebilir Büyümelerine Etkisi" Marmara Üniversitesi i.i.B.F.Dergısı Yıl: 2011 Cilt XXX. Sayi: 1 s. 141-162
13. Banco Mundial, 2005. Saving a Corner of the Aral Sea (Salvando um canto do Mar de Aral). Banco Mundial: Europa e Ásia Central. http://go.worldbank.org/IE3PGWPVJ0 (acedido em 11.11.13).
14. Banco Mundial, 2006. Northern Aral Sea Fills Up Ahead of Schedule as Part of World Bank Project. Comunicado de imprensa de 14 de fevereiro de 2006. The World Bank.http://go.worldbank.org/J4URNXZTI0 (acedido em 11.11.13).
15. Banco Mundial, 2013. Projeto da Fase I do Controlo do Syr Darya e do Norte do Mar de Aral. The World Bank. http://www.worldbank.org/proiects/P046045/syr-darya-control-northern-aral-sea- phase-project?lang=en (acedido em 11.11.13).
16. Yildiz, D. 2011 Orta Asya'nin Stratejik Sulari. Truva Yayinlari.istanbul-Turquia
17. Yildiz D. 2011 Orta Asya'nin Saatli Bombasi: Su Sorunu.Truva Yayinlari. istanbul-Turquia
18. Atilla SANDIKLI-Bilgehan EMEKLÌER 2012 Güvenlik Yakla§imlarinda Degi§im ve Dönü§üm. Teoriler I§iginda Güvenlik, Sava§, Bari§ Ve Çati§ma Çôzümleri Bildiriler Kitabi Bilgesam Yayini .istanbul
19. Bülent Aras, §ule Tokta§ ve Ümit Kurt 2010 "Ara§tirma Merkezlerinin Yükseliçi: Türkiye'de Di§ Politika Ve Ulusal Güvenlik Kültürü". SETA Yayinlari XI, I. Baski: Kasim

2010, ISBN: 978-605-4023-09-7

20. Buzan, Barry. 1987. An Introduction to Strategic Studies: Military Technology and International Relations. Londres: Palgrave Macmillan.
21. Cha, Victor D. 2000. "Globalization and the Study of International Security", Journal of Peace Research 37(3): 391- 403
22. Nihal ERGÜL 2012 Yeni Güvenlik Anlayiçi Kapsaminda Birle§mi§ Milletler'in Rolü ve Uygulamalari TEORÌLER IÇIGINDA GÜVENLÍK, SAVA?, BARI? ve ÇATI?MA ÇÔZÜMLERÍ. Editor; Atilla SANDIKLI .Bilgesam Yayinlari iSTANBUL 2012
23. Oli Brown,2008 Migration and Climate Change, (Genebra: International Organization For Migration Series, 2008), 11.
24. Oktay F. Tanrisever, "Güvenlik", içinde Devlet ve Ötesi, der. Atilla Eralp, (istanbul: ileti§im Yayinlari, 2005), 108
25. Ömer Göksel i§yar, "Günümüzde Uluslararasi Güvenlik Stratejileri: Kavramsal Çerçeve ve Uygulama", Akademik Baki§ 2 3 (2008): 6.
26. Wendt, Alexander. 1992. "Anarchy is What States Make of It: The Social Contstruction of Power Politics" International Organization 46(2): 391-425.
27. Gregory D. Foster 2005 "A New Security Paradigm" a revista WORLD WATCH de janeiro/fevereiro de 2005. www.worldwatch.org
28. Mustafa Aydin & Kostas Ifantis (eds.) International Security Today Understanding Change and Debating Strategy SAM Paper - 1/2006
29. Sean Lynn-Jones e Steven E. Miller, "Introduction", em Sean Lynn-Jones e Steven E. Miller (eds.), Global Dangers: Changing Dimensions of International Security, Cambridge, Massachusetts, MIT Press, 1995, p. 3.
30. John D. Steinbruner, Principles of Global Security, Washington, D.C., Brookings Institution Press, 2000, p. 195.
31. Pierre Hassner, "Obstinate and Obsolete: Non-Territorial Transnational Forces versus the European Territorial State", em Ola Tunander, Pavel Baev e Victoria Ingrid Einagel (eds.), Geopolitics in Post-Wall Europe: Security, Territory and Identity, Londres, Sage Publications/International Peace Researh Institute, Oslo, 1997, p. 58.
32. Kenneth D. Bush e E. Fuat Keyman, "Identity-Based Conflict: Rethinking Security in a Post-Cold War World", Global Governance, Vol. 3, No. 3, setembro-dezembro de 1997, p. 314
33. Zaki Laidi, "Introduction: Imagining the Post-Cold War Era", Zaki Laidi (ed.), Power and Purpose after the Cold War, Oxford, Berg Publishers, 1994, p. 2.
34. Alessandro Politi, Segurança Europeia: The New Transnational Risks, Chaillot Papers 29, Instituto de Estudos de Segurança da UEO, outubro de 1997, p. 13
35. Clifford Beal, 'Everything Has Changed... Nothing Has Changed", Jane's Defence Weekly, Vol. 38, No. 11, setembro de 2002 pp. 8-9.
36. Ver Kenneth Waltz, "The Continuity of International Politics", em Ken Booth e Tim Dunne (eds.), Worlds in Collision: Terror and the Future of Global Order, Basingstoke, Palgrave, 2002, p. 353
37. Andreea C. ZUGRAVU AMEAÇAS NÃO ESTATAIS E O NOVO PARADIGMA DE SEGURANÇA - Grupos Armados na Estratégia de Segurança Nacional da Roménia - Pensamento Militar Romeno ~ 1/2010
38. Sean Lynn-Jones e Steven E. Miller, "Introduction", em Sean Lynn-Jones e Steven E. Miller

(eds.), Global Dangers: Changing Dimensions of International Security, Cambridge, Massachusetts, MIT Press, 1995, p. 3.

39. Kenneth N. Waltz, "Structural Realism after the Cold War", International Security, Vol. 25, No. 1, verão de 2000, p. 5
40. Gregory D. Foster 2005 "A New Security Paradigm" (Um novo paradigma de segurança), janeiro/fevereiro de 2005
41. IMPLICAÇÕES PARA A SEGURANÇA NACIONAL DOS RISCOS RELACIONADOS COM O CLIMA E COM AS MUDANÇAS CLIMÁTICAS Gerada em 2015May27 RefID: 8-6475571 23 de julho de 2015 .
42. Florence Lozet e Kim Edou "Água e Segurança Ambiental para a Prevenção de Conflitos em Tempos de Alterações Climáticas" Instituto Mundial da Água 2013
43. Gleick, Peter H. "Water and Conflict" International Security. Vol 18 N 1. 1993.
44. PNUA, Gabinete Regional para a Europa "Linking Environment and Security": Principais actividades.
45. 2013. Disponível em http://www.unep.org/roe/KeyActivities/EnvironmentalSecurity/tabid/54360/Default.aspx
46. Butts, Kent Hughes. "NATO's Contributions to European Environmental Security" 1993 . Disponível em a275918.pdf
47. Pacific Institute, http://www.worldwater.org/conflict. Atualizado em 11/09. 14
48. Equipa da GWI, outono de 2013. Água e segurança ambiental para a prevenção de conflitos em tempos de alterações climáticas, www.gwiwater.org.
49. Pew Research Center, 2015. http://www.pewglobal.org/2015/07/14/climate-change- seen-as-top-global-threat/
50. Ahmed Abukhater 2013 A água como catalisador da paz: Transboundary Water Management and ConflictRouthledge.New York U.S.A
51. Anders Jägerskog, 2013 "Transboundary water management -why it is important and why it needs to be developed" Free Flow Reaching Water Security through Cooperation UNESCO Publishing. Compilado por: Sean Nicklin, Ben Cornwell. UNESCO -Tudor Rose 2013. Paris. França.
52. Buzan, B. (1998), "A Ásia-Pacífico: What Sort of Region in What Sort of World?" (Que tipo de região em que tipo de mundo?) McGrew, A. - Brook, C. (der.), Asia-Pacific in the New World Order, Londres: Routledge.
53. Clapper, James R. 2013Worldwide Threat Assessment of the US Intelligence Community [Avaliação da ameaça mundial da comunidade de serviços secretos dos EUA]. Comissão de Inteligência do Senado. http://www.circleofblue. org/waternews/wp-content/uploads/2013/03/DNI_threat-assessment-2013.pdf
54. Claudine Brelet 2013 "Mais vale tarde do que nunca" Free Flow Reaching Water Security through Cooperation UNESCO Publishing.Compilado por: Sean Nicklin, Ben Cornwell. UNESCO -Tudor Rose 2013. Paris, França
55. Conca, Ken 2013: Framing Water Uncertainties: climate risks in the context of evolving watergovernance institutions.São Francisco: reunião anual da associação de estudos internacionais
56. Chase 2006, http://www.helsinki.fi/aleksanteri/energy/Events/chase.htm
57. Evan Vlachos 1998 "Practicing Hydrodiplomacy in the 21st Century" Water ResourcesUpdate. No. 111, primavera de 1998, pp. 76-82.
58. Falkenmark M., e Jägerskog, A., (2010) "Sustainability of Transnational WaterAgreements

in the Face of Socio-Economic and Environmental Change" in Earle,

59. 'Global Water Security - an engineering perspective'2012 Chartered Institution of Water and Environmental Management (CIWEM) 15 John Street, London, WC1N 2EB
60. ACI 2012 'Global Water Security' Intelligence Community Assessment ICA 2012-08, 2 de fevereiro de 2012. http://www.hydrology.nl/images/docs/alg/ 2012.03_Global_Water_Security.pdf.
61. Jägerskog, A., Cascão, A., Hârsmar, M. eKim, K. (2012). Land Acquisitions: Como é que elas terão impacto nas águas transfronteiriças? Relatório nº 30. SIWI, Estocolmo.
62. Mikko Palonkorpi2007 "A segurança energética e a teoria do complexo de segurança regional"
63. N. Mirumachiae K. Chana 2014 "Anthropocentric Hydro Politics? Key Developments in the Analysis of International Transboundary Water Politics andsome Suggestions for Moving Forward "World Water Week, September 1-6, 2013, Stockholm, Sweden. Disponível online em www.sciencedirect.com ScienceDirect
64. Phillips, D.J.H., M. Daoudy, J. Öjendal, S. McCaffrey e A.R. Turton. (2006).Trans-boundary Water Cooperation as a Tool for Conflict Prevention and Broader Benefit-Sharing. Estocolmo: Ministério dos Negócios Estrangeiros da Suécia Gabinete do Diretor de Informações Nacionais. Global Water Security. Avaliação da Comunidade de Informações. https://s3.amazonaws.com/s3.documentcloud.org/ documents /327371/report-warns-that- water-shortages-could-threaten.pdf
65. Phillips, D.J.H., M. Daoudy, J. Öjendal, A. Turton e S. McCaffrey2006. Trans-boundary Water Cooperation as a Tool for Conflict Prevention and forBroader Benefit-sharing. Ministério dos Negócios Estrangeiros, Estocolmo, Suécia.
66. Pohl, Benjamin 2014 The Rise of Hydro-Diplomacy Strengthening foreign policy for transboundary waters. adelphi.Germany.
67. Spector, B. e Wolf, A. (2000) Negotiating security: New goals, changed process, International Negotiation, 5(3), 409-426
68. Therese Sjömander Magnusson2014" Peaceful water cooperation requires new thinking" _Publicado originalmente em sueco_ *em Bistãndsdebbaten.se em 31st março de 2014. Reduzido para 630 palavras para efeitos do blogue.*
69. 'Águas transfronteiriças/Década Internacional de Ação "Água para a Vida" 2005-2015'. Bem-vindo às Nações Unidas: It's Your World. http://www.un.org/ waterforlifedecade/transboundary_waters.shtml
70. Vi§ne KORKMAZ 2010 "Bölgesel Güvenlik Üzerine Kuramsal Tarti§malar" SAREM Raporu Stratejik Ara§tirma ve Etüt Merkezi Haziran 2010 Ankara
71. Warner, J., Zeitoun, M., e N. Mirumachi (2013), "How soft power shapes transboundary water interaction', Documento de Discussão 1323 do GWF, Fórum Mundial da Água, Camberra Austrália. Disponível em linha em: http://www.globalwaterforum.org /2013/06/03/6928/.
72. Zeitoun, M, e N. Mirumachi (2008) "Interação transfronteiriça da água 1. Reconsidering conflict and cooperation". Acordos Ambientais Internacionais 8: 297-316.
73. Zeitoun, M e Jägerskog, A. (2011), Addressing Power Asymmetry: HowTransboundary Water Management May Serve to Reduce Poverty, Relatório n.º 29, SIWI, e Estocolmo.

74. Pohl, Benjamin (2014) The Rise of Hydro-Diplomacy Strengthening foreign policy for transboundary waters. Publicações Adelphi, Alemanha.
http://www.adelphi.de/files/en/publications/application/pdf/the_rise_of_hydro-diplomacy.pdf)
75. Jägerskog, Anders (2013) Transboundary water management -why it is important and why it needs to be developed. Disponível em: http://www.watergovernance.org/documents/WGF/Reports/TWM-why-it-is-important.pdf
76. Falkenmark M., and Jägerskog, A., (2010) 'Sustainability of Transnational WaterAgreements in the Face of Socio-Economic and Environmental Change' in Earle, A., Jagerskog, A., Ojendal, J. (eds.) Transboundary Water Management. Londres, Earthscan.
77. Claudine Brelet (2013) Antes tarde do que nunca In: Fluxo livre. Alcançar a segurança da água através da cooperação. Publicação da UNESCO. Paris, França
78. Therese Sjömander Magnusson (2014) Peaceful water cooperation requires new thinking" Disponível em: http://www.hidropolitikakademi.org/en/peaceful-water-cooperation-requires- new-thinking.html
79. Barry Buzan, Ole Wæver (2003) Regions and Powers: The Structure of International Security Cambridge, Cambridge University Press.
80. Buzan, B. (1998) The Asia-Pacific: What Sort of Region in What Sort of World? McGrew, A.- Brook, C. (eds.), Asia-Pacific in the New World Order, Londres: Routledge.
81. Anna Delgado Martin 2013, *Caso tenha perdido, Recapitulação da Wol Water Week 2013* https://blogs.worldbank.org/water/case-you-missed-it-world-water-week-2013-recap
82. Bormann, B. T., P. G. Cunningham, M. H. Brookes, V. W. Manning e M. W. Collopy**.** 1993. *Adaptive ecosystem management in the Pacific Northwest.* U.S. Forest Service, Relatório Técnico Geral **PNW-GTR-341.**
83. Gleick, P. 2003. Global freshwater resources: soft-path solutions for the 21st century. *Ciência* **302**:1524-1528.
84. Pahl-Wostl, C. 2002. Towards sustainability in the water sector: the importance of human actors and processes of social learning. *Ciências Aquáticas* **64**:394-411.
85. ONU Água "Águas Transfronteiriças: Partilhar Benefícios, Partilhar Responsabilidades" Documento Temático 2008.
86. Relatório do Grupo de Prospetiva Estratégica sobre o "Quociente de Cooperação no domínio da Água" 2015
87. Yildiz. D. *A new International Hydro diplomacy; (from water cooperation to comprehensive collaboration)* the International Conference on "Global and regional hydro-politics in the context of international cooperation and security" Baku city.Azerbaijan November 25, 2014
88. Yildiz.D, *The failure of transboundary water management* in the *Maritsa river basin Global Water Forum* .http://www.globalwaterforum.org/2015/05/04/the-failure-of- transboundary-water-management-in-the-maritsa-river-basin.
89. Claudine Brelet 2013, *antes tarde do que nunca*, Free Flow Reaching Water Security through Cooperation UNESCO Publishing, compilado por: Sean Nicklin, Ben Cornwell. UNESCO - Tudor Rose 2013. Paris, França
90. Ahmed Abu khater, Water as a Catalyst for Peace, *Transboundary Water Management and Conflict Routledge.* (2013) Nova Iorque, E.U.A.
91. Anders Jägerskog, 2013, *Transboundary water management -why it is important and why it needs to be developed*, Free Flow Reaching Water Security through Cooperation UNESCO

Publishing. Compilado por: Sean Nicklin, Ben Cornwell. UNESCO -Tudor Rose 2013. Paris. França.

92. N. Mirumachiae K. Chana 2014, Anthropocentric Hydro Politics? Key Developments in the Analysis of International Transboundary Water Politics andsome Suggestions for Moving Forward "World Water Week, September 1-6, 2013, Stockholm, Sweden. Disponível online em www.sciencedirect.com ScienceDirect

93. Phillips, D.J.H., M. Daoudy, J. Öjendal, S. McCaffrey e A.R. Turton, *Trans-boundary Water Cooperation as a Tool for Conflict Prevention and Broader Benefit-Sharing. Estocolmo*, Ministério dos Negócios Estrangeiros da Suécia Gabinete do Diretor dos Serviços Nacionais de Informações (2006). Global Water Security. Intelligence CommunityAssessment .
https://s3.amazonaws.com/s3.documentcloud.org/ documents /327371/report-warns- that-water-shortages-could-threaten.pdf

94. Phillips, D.J.H., M. Daoudy, J. Öjendal, A. Turton e S. McCaffrey2006, *Trans-boundary Water Cooperation as a Tool for Conflict Prevention andforBroader Benefit,-sharing.* Ministério dos Negócios Estrangeiros, Estocolmo, Suécia.

95. Spector, B. e Wolf, A. *Negotiating security: New goals, changed process, International Negotiation, (2000), 5(3),* 409-426

96. *Therese Sjömander Magnusson2014" A cooperação pacífica no domínio da água exige uma nova forma de pensar" Publicado originalmente em sueco no sítio Biständsdebbaten.se em 31ˢ março de 2014. Reduzido para 630 palavras para efeitos do blogue.*

97. *'Águas transfronteiriças/Década Internacional de Ação "Água para a Vida" 2005-2015'. Bem-vindo às Nações Unidas: It's Your World. http://www.un.org/waterforlifedecade/transboundary_waters.shtml*

98. *Pohl, Benjamin, The Rise of Hydro-Diplomacy Strengthening foreign policy for transboundary waters. Adelphi. Alemanha. 2014*

99. *Warner, J., Zeitoun, M., e N.Mirumachi, How soft power shapes transboundary water interaction, Documento de discussão 1323 do GWF, Fórum Mundial da Água, Camberra, Austrália. Disponível em linha em: http://www.globalwaterforum.org /2013/06/03/6928/.*

100. *Zeitoun, M, e N. Mirumachi 'Transboundary water interaction 1. Reconsidering conflict and cooperation", International Environmental Agreements 8: 297-316. (2008)*

101. *Zeitoun, M e Jägerskog, A. Addressing Power Asymmetry: HowTransboundary Water Management May Serve to Reduce Poverty, Relatório n.º 29, SIWI, e Estocolmo. (2011),*

102. S. Aslov, 2003b. IFAS 10 years (decisions and events), Comité Executivo do Fundo Internacional para a Salvaguarda do Mar de Aral, Dushanbe.

103. Senado dos Estados Unidos. 2011. Evitar as guerras da água: A escassez de água e a importância crescente da Ásia Central para a estabilidade no Afeganistão e no Paquistão. Relatório da equipa da maioria preparado para uso da Comissão de Relações Externas do Senado dos Estados Unidos.

104. L. Schroeder,T.Ure "River Basin Organization and Governance in Afghanistan" The XVth World Water Congress of the International Water Resources Association (IWRA) Edinburgh, Scotland, May 25-29, 2015.

105. M. King e B. Sturtewagen 2010 "Making the Most of Afghanistan's River Basins Opportunities for Regional Cooperation" Relatório do The East West Institute Nova Iorque -

EUA

106. S. Horsman 2008 "Afghanistan and Transboundary Water Management on the Amu Darya: A Political History "Central Asian Waters - Part 2: Research Papers .Rahaman, M.M. & Varis, O. (eds.): Central Asian Waters, pp. 63-74. Publicações Água e Desenvolvimento - Universidade de Tecnologia de Helsínquia

107. J. Allouche, "The governance of Central Asian waters: National interests versus regional cooperation" (2007), pp. 49-53

108. D. W Rycroft e K. Wegerich, "The three blind spots of Afghanistan: Water fow, irrigation development and the impact of climate change" (2009) P.3

109. Jon Campbell "Uma terra seca e devastada: Investigando os recursos hídricos no Afeganistão" http://www.earthmagazine.org/article/dry-and-ravaged-land-investigating-water-resources- afghanistan. 4 de janeiro de 2015

110. http://www.al-monitor.com/pulse/tr/security/2013/05/syria-qusair-alawite-state-opposition-battle.html#ixzz3hJRc8wH3

111. Ayse Baltacioglu-Brammer Alawites and the Fate of Syria http://origins.osu.edu/print/ 2254 vol. 7, issue 4 - January 2014

112. Elizabeth O'Bagy "Syria Update: Assad Targets Sunni Along Syria's Coast" 10 de maio de 2013. Instituto para o Estudo da Guerra. http://www.understandingwar.org/backgrounder/syria-update-assad-targets-sunni

113. Khaldoon A. Mourad e Ronny Berndtsson .Syrian Water Resources between the present and the Future Air, Soil and Water Research 2011:4 93-100 doi: 10.4137/ ASWR.S8076 Este artigo está disponível em http:// www.la-press.com.

114. MoI-SYR. Ministério da Irrigação da Síria. Acordos com os países vizinhos. http://www.irrigation.gov.sy/index.php?m=118. Acedido em 05.04.2011.

115. FAO. Organização das Nações Unidas para a Alimentação e a Agricultura. Base de dados Aquastat: República Árabe da Síria. http://www. fao.org/nr/water/aquastat/countries/syria/index.stm.Accessed 10.04.2011.

116. Fildis, Ayse Tekdal. "Roots of Alawite-Sunni Rivalry in Syria" [Raízes da Rivalidade Alawita-Sunita na Síria]. Middle East Policy, Vol. XIX, N.º 2, verão de 2012.

117. Filiu, Jean-Pierre, The Arab Revolution: Ten Lessons from the Democratic Uprising, Nova Iorque, 2011.

118. Hassan Hassan, "Lessons from a massacre that Assad looks to exploit", The National, 8 de maio de 2013.

119. Joseph Holliday, "The Assad Regime: from Counterinsurgency to Civil War", Middle East Security Report 8, Institute for the Study of War, março de 2013.

120. "A Síria é condenada pela ONU pelo massacre e bombardeamento de Houla", BBC, 27 de maio de 2012.

121. Michael Totten, "Assad Shells Alawite Stronghold", World Affairs Dispatches, 13 de agosto de 2011.

122. Hassan Hassan, "Syrian regime has raised ghosts that will not go away", The National, 7 de junho de 2011.

123. Katie Paul, "Syria's Alawite Refuge", Foreign Affairs, 18 de julho de 2013; Entrevista com uma fonte do regime em 14 de abril de 2013.

124. "Toward an Alawite State in Syria", Organização Internacional de Investigação Estratégica, 7 de maio de 2013.

125. Stratfor " Syria: A Chronology of How the Civil War May End" 29 de julho de 2015 https://www.stratfor.com/analysis/syria-chronology-how-civil-war-may-end

126. Christopher M. Blanchard, Carla E. Humud ,Mary Beth D. Nikitin " Conflito armado na Síria: Overview and U.S. Response" Congressional Research Service 7-5700 July 15, 2015

127. Brian Michael Jenkins "The Dynamics of Syria's Civil War" Rand Cooperation

128. F. Gregory Gause, "ISIS and the New Middle East Cold War" Middle East Politics and Policy - August 25, 2014 http://www.brookings.edu/blogs/markaz/posts/2014/08/25-isis-new-middle-east-cold-war

129. Aymenn Jawad Al-Tamimi "Será um Estado alauíta o plano B de Assad?" http://www.independent.co.uk/voices/comment/is-an-alawite-state-assads-plan-b-8441059.html Segunda-feira, 7 de janeiro de 2013

130. Seth Kaplan Sete cenários para o futuro da Síria http://www.globaldashboard.org/2013/08/27/seven-scenarios-for-the-future-of- syria/August 27, 2013

131. Al Monitor. O futuro da Síria pode estar na descentralização http://www.al-monitor.com/pulse/security/2014/04/syria-conflict-future-decentralization.html#ixzz3hgUd0kYb 9 de abril de 2014.

132. Chana Ya'ar "O plano B do Irão é um Estado alauíta se Assad cair na Síria "http://www.israelnationalnews.com/News/News.aspx/166682#.VcBIMfntmkp

133. Pearce,F. 2014 "Mideast Water Wars: In Iraq, A Battle for Control of Water" 5 Aug.2014.

http://e360.yale.edu/feature/mideast guerras da água no iraque uma batalha pelo controlo da água/2796/

134. UN-ESCWA e BGR (2013), Inventário dos recursos hídricos partilhados na Ásia Ocidental: Beirute.

135. **Seth J. Frantzman** . erra incógnita: como tirar menos proveito do acordo entre o Mar Vermelho e o Mar Morto 12/10/2013

136. **Harriet Sherwood** Vizinhos do Mar Morto concordam com gasoduto para bombear água do Mar Vermelho Segunda-feira, 9 de dezembro de 2013. Guardian Newspapers Limited, 2013

137. **H.S.Salem** "The Red Sea Dead Sea Conveyance Project : A Solution for Some Problems or a Cause for Many Problems" 2nd International Conference Water Values & Rights

138. **Bruce Borthwick** "Why is the Dead Sea Dying?" in *The Christian Century,* 8 de fevereiro de 2003, pp. 20-21

139. https://arirusila.wordpress.com/2013/12/10/blue-peace-red-sea-dead-sea-pipeline-plan-signed/

140. https://commons.wikimedia.Org/wiki/File:Totes_Meer_Kanal_Wendt-Kelm-Studie_Plan.jpg

141. Yildiz, Dursun, 2000, "Water Potential in Mediterranean Basin and its Hydropolitics", Tese de Mestrado não publicada, julho de 2000, Universidade de Hacettepe, Instituto de Ciências Sociais, Ancara.

142. Burak, Selmin, 2000 "*Water Politics in Mediterranean Countries*" Monographs Blue

Plan. maio de 2000, Sophia, Antipolis.
143. Zehir, Cemal. Dr. 2003, "Ortadogu'da Su Medeniyetlerinden Su Sava§larina-From Water Civilizations to Water Wars" Su Vakfi Publication, istanbul.
144. Yildiz, Dursun 2003, "Akdeniz Havzasinda Su Sorunlari ve Türkiye-Water Problems in the Mediterranean and Turkey", Livro, TMMOB iMO Ankara Branch Publication, Mar 2003, Ankara.
145. Yildiz, D., Özgüler, H., 2005 "Water Problems of Mediterranean Developing Countries Under the Climate Change Impacts, Proceedings of International Congress on the Water for Sustainable Development in Mediterranean Basin", 21-23 de maio de 2005, Argélia.
146. Yildiz, D., Özgüler, H., 2005 "The Water Use and Climate Change Impacts in the Eastern Mediterranean Region", Analyses of current situation and future challenges - Actas da Segunda Conferência Mediterrânica sobre Recursos Hídricos na Bacia Mediterrânica WATMED 2, Marraquexe, 14 a 17 de novembro de 2005.
147. Yildiz, Dursun, "Hydropolitics of Mediterranean Basin and Turkey-Akdeniz Havzasininin Hidrojeopolitigi ve Türkiye", TMMOB ÌMO Congress on Water Policies-Su Politikalari Kongresi, 21-23 de março de 2006, Actas, ÌMO /Ankara.
148. Yildiz, Dursun, "Eastern Mediterranean and Water Provision from Creek Manavgat Project- Dogu Akdeniz ve Manavgat Çayi Su Temin Projesi", TMMOB ÌMO Congress on Water Policies, 21-23 Mar 2006, Proceedings, ÌMO /Ankara.
149. Maude Barlov, 2009, "Blue Covenant-Mavi Sözle§me" ÇMO Yordam Kitap, istanbul.
150. Ya§ar, Dogan, Yildiz, Dursun, "Global Chess in the Eastern Mediterranean" Truva Publication, 2012, Istambul.
151. Türkman, F., Elkiran, G., 2008, "Water Resources and Planning in TRNC- Kuzey Kibris Türk Cumhuriyeti'nde Su Kaynaklari ve Planlamasi" TMMOB iMO 2. Congresso sobre Políticas da Água, Pg.425 iMO, Ankara.
152. Prof. Dr. Hüseyin Gôkçeku§, "Potable Water Project to the TRNC will be a Project of the Century-KKTC içme Suyu Temin Projesi Asrin Projesi Olacak", ORSAM- Journal of Middle East Analysis-Ortadogu Analiz Dergisi, Jun 2012, Vol.: 4 - No.: 42

MIX
Papier aus verantwortungsvollen Quellen
Paper from responsible sources
FSC® C105338

Printed by Books on Demand GmbH, Norderstedt / Germany